「シェル芸」に効く！AWK処方箋

斉藤 博文 ● 著

SHOEISHA

本書内容に関するお問い合わせについて

このたびは翔泳社の書籍をお買い上げいただき、誠にありがとうございます。弊社では、読者の皆様からのお問い合わせに適切に対応させていただくため、以下のガイドラインへのご協力をお願い致しております。下記項目をお読みいただき、手順に従ってお問い合わせください。

●ご質問される前に

弊社Webサイトの「正誤表」をご参照ください。これまでに判明した正誤や追加情報を掲載しています。

正誤表　https://www.shoeisha.co.jp/book/errata/

●ご質問方法

弊社Webサイトの「刊行物Q&A」をご利用ください。

刊行物Q&A　https://www.shoeisha.co.jp/book/qa/

インターネットをご利用でない場合は、FAXまたは郵便にて、下記"翔泳社 愛読者サービスセンター"までお問い合わせください。
電話でのご質問は、お受けしておりません。

●回答について

回答は、ご質問いただいた手段によってご返事申し上げます。ご質問の内容によっては、回答に数日ないしはそれ以上の期間を要する場合があります。

●ご質問に際してのご注意

本書の対象を越えるもの、記述個所を特定されないもの、また読者固有の環境に起因するご質問等にはお答えできませんので、予めご了承ください。

●郵便物送付先およびFAX番号

送付先住所　〒160-0006　東京都新宿区舟町5
FAX番号　　03-5362-3818
宛先　　　　（株）翔泳社 愛読者サービスセンター

※本書に記載されたURL等は予告なく変更される場合があります。
※本書の出版にあたっては正確な記述に努めましたが、著者および出版社のいずれも、本書の内容に対してなんらかの保証をするものではなく、内容やサンプルに基づくいかなる運用結果に関してもいっさいの責任を負いません。
※本書に記載されているサンプルプログラムやスクリプト、および実行結果を記した画面イメージなどは、特定の設定に基づいた環境にて再現される一例です。

※本書に記載されている会社名、製品名はそれぞれ各社の商標および登録商標です。
※本書では™、®、©は割愛させていただいております。

はじめに

ビッグデータやDeep Learningなどの機械学習の分野の成長により、今まで以上に大量のデータを扱う機会が増えてきました。機械学習のコアの部分はフレームワークとして簡単に扱えますが、前処理としてフレームワークに合わせるデータを生成する必要もあるでしょう。そのため、フレームワークが扱うデータの種類が多岐にわたるようになると、前処理を確実かつ高速に行えることが重要になってきます。そうしたときに役立つのがシェルとAWKです。

Unixが生まれてから今までがそうであったように、これからもシェルが持っている基本的な機能とデータを簡単に扱えるAWKの連携は強力な武器になり、みなさんのデータ処理を支えてくれるものになります。そこで『シェルスクリプトマガジン』（USP研究所 刊）に掲載された連載「『シェル芸』に効く！　AWK処方箋」と「コマンドを作りながら覚えるAWK入門」を合わせて再構成してお届けします。

すぐにでもデータ処理に使える内容を載せていますので、ぜひ自分でコマンドを打ちながら確認してみてください。また、ノウハウ的なところもできるだけ掲載しました。プログラミングは運動と同じで一気にできるようになるものではなく、日々の経験の積み重ねで鍛えられます。筆者として少しでもみなさんのお役に立てることを期待しています。

※本書は、2017年1月に発売したプリントオンデマンド・電子書籍を一部修正し、書籍化したものです。

CONTENTS
目次

はじめに 3

第1章　簡単で、奥深くて、超便利！
LLの元祖「AWK」にさわってみよう　9

1.1　パターンとアクション 10
1.2　AWKの真偽って何？ 10
1.3　比較演算子、マッチング演算子 11
1.4　代入演算子 12
1.5　変数 14
1.6　関数 15
1.7　本章のまとめ 16

第2章　シェルコマンドを使った処理の効率化は
AWKの行（レコード）操作がカギをにぎる　17

2.1　「行」＝「レコード」 18
2.2　直接行を指定する 18
2.3　先頭10行を抜き出す 19
2.4　末尾10行を抜き出す 19
2.5　範囲を指定する 20
2.6　範囲指定演算子 20
2.7　マッチする行を抜き出す 21
2.8　マッチしない行を抜き出す 21
2.9　psコマンドとの連携 22
2.10　1行目〜マッチした行まで 22
2.11　マッチした行〜最後まで 23
2.12　組込変数NRが定義されないgetline 23
2.13　本章のまとめ 24

第3章　AWKプログラミングの真髄の1つ
フィールド（列）を操る基礎テクニック　25

3.1　フィールドとは？ 26
3.2　指定フィールドを抜き出す 27
3.3　指定フィールドを消す 28

	3.4	範囲指定でフィールドを抜き出す	29
	3.5	フィールドの計算	29
	3.6	フィールドの再構築	30
	3.7	本章のまとめ	31

第4章　AWKで一番の得意ワザ！ シェルで文字列を自在に扱うための文字列関数　33

	4.1	文字列の抜き出し	34
	4.2	文字列の検索	35
	4.3	文字列の置換	36
	4.4	文字列の連接	37
	4.5	大文字小文字変換	38
	4.6	AWKの区切り？	39
	4.7	本章のまとめ	40

第5章　シェルで表計算ができるかも!? AWKの四則演算と数値演算関数　41

	5.1	四則演算	42
	5.2	三角関数	43
	5.3	対数、指数	44
	5.4	乱数	44
	5.5	整数化	45
	5.6	2進数に起因する問題	46
	5.7	どこまで計算できるのか	47
	5.8	本章のまとめ	48

第6章　AWKのトリッキーな配列＆連想配列の 仕組み・動作と目からウロコのテクニック　49

	6.1	配列と連想配列	50
	6.2	リストがない	52
	6.3	多次元配列	53
	6.4	配列が空かどうか？	54
	6.5	「シェル芸」で配列	54
	6.6	本章のまとめ	55

第7章　正規表現がもっと使える！ 直感的にも使いやすく なった最新GNU AWKの拡張機能を知る　57

| | 7.1 | 最新版のGNU AWKを入手 | 58 |

7.2	正規表現の拡張	58
7.3	組込変数RSの正規表現対応、組込変数RTの追加	59
7.4	length関数の扱い	60
7.5	3引数版match()関数	61
7.6	連想配列のソート	61
7.7	本章のまとめ	63

第8章 これは強力！ AWKとパイプの新しい関係 〜 時刻を取得する関数、双方向パイプ、Socket通信　65

8.1	時刻・時間を取得する	66
8.2	置換の拡張	67
8.3	双方向パイプ	68
8.4	Socket通信	70
8.5	本章のまとめ	71

第9章 GNU AWKでCSVファイルを楽々扱う組込変数FPATと、関数のインダイレクト呼び出し　73

9.1	組込変数FPATの導入	74
9.2	多次元配列	75
9.3	BEGINFILEとENDFILE	77
9.4	Indirect Function Call	78
9.5	本章のまとめ	80

第10章 GNU AWKはまだまだ成長中！ ユーザーの声をもとに作成された拡張機能を組み込んでみよう　81

10.1	MPFRによる拡張	82
10.2	AWKでlsコマンド	83
10.3	forkでループ	84
10.4	inplace	85
10.5	他には？	87
10.6	gawkextlib	87
10.7	本章のまとめ	88

第11章 コマンドを作りながら覚えるAWK入門　89

11.1	レコードとフィールド	90
11.2	パターンとアクション	90
11.3	コマンド群を作る	91
	cat	91

　　　　　cut 92
　　　　　head 93
　　　　　grep 93
　　　　　tr 94
　　　　　seq 95
　　　　　wc 95
　　　　　bc 96
　　　　　date 96
　　　　　uniq 97
　　11.4　本章のまとめ 98

第12章 AWKブーム第1世代は「アイドル辞書」で学んだ
（CodeZine「かまぷとゆうこのデベロッパーズ☆ラジオ」より）　　99

　　12.1　なぜ今、AWKの記事がそんなに読まれているのか？ 101
　　12.2　「AWK != Perl」とあえて言っちゃう 103
　　12.3　AWKを勉強するには「アイドル辞書」が役立った 105
　　12.4　「Perl Is unDead」精神に触発されて 107
　　12.5　自分がコミュニティをやってるからこそ、若い人を応援したい 109
　　12.6　エンディング 110

　　　　おわりに 111
　　　　記事初出 111

第 1 章

簡単で、奥深くて、超便利！
LLの元祖「AWK」に
さわってみよう

「USP 友の会」で開催している「シェル芸勉強会」では必ずといって
よいほど AWK が登場します。本書では「シェル芸」[注1] をターゲット
とした AWK の活用方法を、AWK の初心者から上級者まで納得でき
る内容で紹介していきます。まず本章では基礎的な部分、特に AWK
における「真偽」について掘り下げます。

注1)　「シェル芸」とは、Unix シェル（主に bash）のワンライナーを駆使して文字列加工を自由自在に操るこ
　　　とです。また、そのような能力を持つ人を「シェル芸人」と呼びます。

第 1 章　簡単で、奥深くて、超便利！LL の元祖「AWK」にさわってみよう

1.1　パターンとアクション

　AWKはパターンとアクションを組み合わせるプログラミング言語です。日本語で「もし○○だったら、○○をする」という文章のうち、「もし○○だったら」という部分がパターンで、「○○する」という部分がアクションです。このようにパターンとアクションで構成されるAWKの基本文法は直感的であるため、AWKは様々な機会で用いられます。実際にパターンとアクションをAWKスクリプトで記述すると以下のようになります。

```
パターン { アクション }
```

　AWKのパターンとアクションはそれぞれ省略することができます。パターンを省略した場合には全てのレコードに対しアクションが実行され、アクションが省略された場合にはパターンにマッチしたレコードが表示されます。便利なので、この省略はよく行われます。

- パターンを省略した場合には全てのレコードに対しアクションが実行されます。
- アクションが省略された場合にはパターンにマッチしたレコードを表示します。
- パターンもアクションもない場合には何も表示されません。

　「パターン」については、その名前から「正規表現にマッチする正規表現パターン」といったイメージを持たれるかもしれませんが違います。AWKのパターンは「条件式」そのものであり、その条件式の戻り値による「真偽」に従いアクションが実行されます。
　パターンの真偽をうまく活用することでAWKらしく簡潔に記述することができます。そのため、真偽を正しく理解することは、AWKを使いこなす上でとても重要になっています。

1.2　AWKの真偽って何？

　さて、AWKの真偽はどのように判定されているのでしょうか。AWKにはTRUEやFALSEといったブール値というものは存在しませんが、AWKは以下のようにして判定しています。

- 数字のゼロ0は「偽」となります。
- 空の文字列は「偽」となります。
- 上記以外は全て「真」となります。

　たったこれだけです。AWKには「型」がないにもかかわらず、数字とか文字列とか書かれてい

るのは不思議に思われるかもしれませんが、意図的に型を変換することで真偽を自在に操ることもできるのです。

では、実際に試してみましょう。前述のようにアクションがない場合にはレコードをそのまま表示しますので、「数字のゼロ0」（「文字列のゼロ0」ではない点に注意！）をパターンに指定してみます。

```
$ echo "foo" | awk '0'
```

何も表示されませんね。では、「数字の4」を入れてみましょう。

```
$ echo "foo" | awk '4'
foo
```

では、文字列のゼロ0ではどうなるでしょうか。文字列のゼロ0は、数字のゼロ0に空文字列を示す2つのダブルクォート""を連接注2) させることで作り出すことができます。

```
$ echo "foo" | awk '0 ""'
foo
```

これから分かるように、文字列のゼロ0の場合には真になるのです。

パターンを明示的に真にしたい場合には数字の1でも何でも数字のゼロ0以外であれば構わないのですが、1はエルlやアイIなど他の文字と読み違えることが多いため、特に海外のAWK界隈では数字の4が好まれる傾向にあります。では、文字列の場合はどうでしょうか。

```
$ echo "foo" | awk '"bar"'
foo
```

パターンが文字列barというのはとても変ですが、先ほど述べたとおり、空の文字列ではないため「真」となり、パイプで渡されたレコードがそのまま表示されています。この文字列barは正規表現ではなく文字列として扱われる点に注意してください。

AWKの真偽はこれが全てです。簡単ですが、さらに理解を深めることで様々な条件分岐をエレガント注3)に行うことができます。

1.3 比較演算子、マッチング演算子

AWKにはC言語のような比較演算子があり、数字も文字列も同様に扱うことができます。例えば以下のようなものです。

注2) 連接とは複数の文字列をつなげることを指します。連接することで明示的に文字列として扱うことができます。
注3) AWK使いは「エレガント」という言葉を好んで使います。

```
$ echo "foo" | awk '$0 == "foo"'
foo
```

さて、この比較演算の条件式$0 == "foo"は何を返しているのでしょうか。print文で確かめてみましょう。

```
$ echo "foo" | awk '{print $0 == "foo"}'
1
$ echo "foo" | awk '{print $0 != "foo"}'
0
```

つまり、比較演算子の真は数字の1で、偽は数字の0を返しています。

さらに、AWKには正規表現にマッチするかどうかを判定するマッチング演算子もあります。こちらも見てみましょう。**AWKの中で単独で/で囲まれた正規表現が用いられた場合は$0 ~が省略されたものと見なされる**注4)ので、以下のように記述することもできます。

```
$ echo "foo" | awk '$0 ~ /foo/'
foo

$ echo "foo" | awk '/foo/'
foo
```

さて、どのように真偽の判定をしているのか見てみましょう。

```
$ echo "foo" | awk '{print /foo/}'
1
$ echo "foo" | awk '{print !/foo/}'
0
```

この記法を{print "foo"}のつもりで使ってしまって、うまく動作しなかった経験がある方もいらっしゃると思いますが、前述のように$0 ~が省略されているため、戻り値は数字の0または数字の1なのです。このように、比較演算子やマッチング演算子は数字の0または数字の1で判定されていることが分かります。

1.4 代入演算子

一部のAWKの実装で加わった特殊な変数を除き、**AWKでは破壊的な代入が可能**です。また、代入演算子にも真偽があります。ただし、代入が成功しているからといって必ず真を返すわけではありません。AWKでは**代入の可否と戻り値は関係ありません**。

では、以下のようなもので第2フィールドを文字列Bにしてみます。

注4) この省略はパターンのみに有効だと思われている方が多いのですが、AWKの組込関数で使われる場合以外の全てで有効な省略です。

```
$ echo "a b c" | awk {$2 = "B"; print $0}'
a B c
```

問題ないですね。代入が常に真であるなら、以下のようにパターンに記述することができます。

```
$ echo "a b c" | awk '$2 = "B"'
a B c
```

これだけを見ると、代入の可否が真偽を表しているように思われるかもしれません。では、第2フィールドに空文字列を代入して第2フィールドを削除したいとします。

```
$ echo "a b c" | awk '{$2 = ""; print $0}'
a  c
```

同様に以下のようにして第2フィールドを削除してみます。

```
$ echo "a b c" | awk '$2 = ""'
```

何も出力されませんね。エラーもないことから、代入そのものは成功しています。このパターンに記述した代入がうまく動作しないのは**代入の戻り値が代入の真偽ではない**からです。

そこで、以下のようにprint文で代入の戻り値を確かめてみましょう。

```
$ echo "a b c" | awk '{print $2 = "B"}'
B
```

```
$ echo "a b c" | awk '{print $2 = ""}'

```

お分かりになりましたか。実は**代入の戻り値は左辺値**だったのです。先ほどの第2フィールドを削除するものをパターンだけで記述したい場合には、例えば以下のようにします。

```
$ echo "a b c" | awk '!($2 = "")'
a  c
```

つまり、代入には成功しているものの、代入演算子が空文字列を返してしまい、レコードが表示されないということなので、戻り値を否定演算子！で反転してやればよいわけです。否定演算子！は真偽を反転する演算子です。

また、よく使われる手法として$1だけを表示するには以下のように$0に代入します。

```
$ echo "a b c" | awk '$0 = $1'
a
```

この真偽は、$0に数字のゼロ0または空文字列が代入されない限り、真になります。

1.5 変数

　AWKにはいくつかの組込変数があります。代表的なものに、現在のレコード数を示す組込変数NR（Number of Record）と、現在のレコードの中のフィールド数を示す組込変数NF（Number of Field）があります。これらはパターンの中でよく用いられます。例えば、フィールド数が3のものを表示したい場合には以下のようにします。

```
$ echo "a b c" | awk 'NF == 3'
a b c
```

　前述の比較演算子により真偽判定が行われています。一方、間違って以下のようにするとどうなるでしょうか。

```
$ echo "a b c" | awk 'NF = 3'
a b c
```

　この場合には代入演算子の真偽が左辺値なので、NFに数字の3が代入されて、パターンの値は数字の3になり、結果としてパターンは真になります。つまり、結果として同じでも真偽判定の対象が異なってしまうのです。
　このNFを用いた記法には癖があります。GNU AWK[注5]やmawkで第1フィールドから第2フィールドまでを出力したい場合には以下のようにできます。

```
$ echo "a b c" | awk 'NF = 2'
a b
```

　組込変数NFに数字の2が入ってしまうので、AWKはフィールド数が2であると解釈して$1から$2までを表示しますが、実際の動作はAWKの実装に依存しますので、この記法には注意してください。
　さて、組込変数NFの真偽には便利な使い方があります。

```
$ echo "\n a \n b \n \n" | awk 'NF'
a
b
```

　組込変数NFにはフィールド数が格納されますが、スペースやタブだけの行、空の行のようにフィールドがない場合には値が数字の0になるためパターンは偽となり、結果としてスペースやタブだけの行や空の行を削除できます。

注5）GNUプロジェクトで開発されているAWK。オリジナルのAWKにない機能が追加されています。

1.6 関数

　関数とは何でしょうか。中学や高校で習う関数と同じように、**AWKの関数は一価関数**と呼ばれ、**戻り値は1つ**です。この関数の戻り値を使った真偽判定を行うこともできます。

　length関数は文字数（バイト数ではない）を返す関数ですが、引数がないと$0を用い、しかもその場合には他の関数では必須の丸括弧()も不要という、ちょっと変わった関数です[注6]。

```
$ echo "\n a \n b \n \n" | awk 'length'
a
b
　　←スペースだけの行が出力されている
```

　先ほどのNFを用いた場合にはスペースやタブだけの行は削除されましたが、レコードに今度は何らかの文字があれば表示されるようになります。

　関数は戻り値があるので分かりやすいのですが、よく間違えるものにsub()関数とgsub()関数があります。sub()関数は置換に成功すれば数字の1を、失敗すれば数字の0を返します。また、gsub()関数は置換に成功した個数を数字で返します。

```
$ echo "a b c" | awk '{print gsub(/a/, "")}'
1
```

　したがって、マッチする箇所を数えるには以下のようにすればよいわけです。

```
$ echo "ab ba ab" | awk '$0 = gsub(/ab/, "")'
2
```

　マッチしない場合、gsub()関数は数字の0を返します。しかし、数字の0は偽であるために、数字の0どころか何も表示されません。

```
$ echo "ab ba ab" | awk '$0 = gsub(/ac/, "")'
```

　でも、数字の0を表示させたいですね。この場合には以下のようにします。

```
$ echo "ab ba ab" | awk '$0 = gsub(/ac/, "") ""'
0
```

　gsub()関数は数字の0を返しているのですが、数字の0は偽になります。ところが、2つのダブルクォート""で空文字列を連接してあげることで文字列の0の扱いになります。**文字列の"0"は偽にはならない**のです。

　フィールドをそれぞれ配列にしたいような場合には以下のようにします。

注6) この引数も括弧もないlength関数の取り扱いは議論されていて、将来的に廃止になるかもしれません。

第 1 章　簡単で、奥深くて、超便利！ LL の元祖「AWK」にさわってみよう

```
$ echo "ab ba ab" | awk 'split($0, arr) {print arr[1]}'
ab
```

split()関数は分割個数が戻り値になるので、このような使い方ができるわけです。

1.7　本章のまとめ

　AWKの真偽を使った例をいくつか挙げながら、真偽について掘り下げてみましたが、いかがでしたか。「やっぱりAWKは呪文だ」と思われた方、「AWKはパターンとアクションの言語であり、そのパターンは真偽値で判断されるということを知っているだけで様々なことができる」と思われた方など、ご感想はいろいろでしょう。ここで例として挙げたAWKスクリプトは長くても20文字程度ですので、スクリプトの内容をじっくり考えてみてください。

第 2 章

シェルコマンドを使った処理の効率化はAWKの行（レコード）操作がカギをにぎる

　行単位で処理を行うことは非常に重要なことです。なぜでしょうか。それは他の Unix 系ツールも行単位で処理を行うようになっているからです。「シェル芸」ではパイプを使って次のコマンドに出力を渡しますが、パイプで接続された先のコマンドも行単位で処理を行うことが多いため、適切な行を AWK で抜き出すことで円滑な並列処理が可能になります。そのため、「シェル芸」の効率化は行の処理の効率化と言い換えることができます。そこで、AWK を用いた行の処理について説明していきます。

第 2 章　シェルコマンドを使った処理の効率化は AWK の行（レコード）操作がカギをにぎる

2.1 「行」＝「レコード」

　デフォルトでAWKは「行」を「レコード」というものとして扱います。正しくは**組込変数RS（Record Separator）で区切られたものをレコードと呼びます**が、この組込変数RSのデフォルトは「改行」です。そのため、デフォルトでは行がレコードそのものになります。また、このレコード単位の分割は、アクションでテキストファイルを読み込むと必ず行われます。つまり、**ユーザーが特別に分割処理をしなくてもレコード単位で扱ってくれるというわけで、とても便利な仕組み**です。

　特殊なものとして、段落単位で読み込むために組込変数RSに空文字列を代入する手法があります。また、GNU AWKではファイル全体を1つのレコードとして読み込む手法、組込変数RSに正規表現を使う手法などもあるのですが、ここでは扱いません。ただ、組込変数RSに正規表現を使うことで新たな可能性が広がります。興味がある人はGNU AWKを使ってみましょう。

2.2 直接行を指定する

　よく使われるものに指定行だけを抜き出すという処理があります。例えば、先頭1行目だけを抜き出すような場合です。AWKのアクションではレコード単位に分割していき、**現在処理を行っている行番号が組込変数NR（Number of Record）に格納されます**。つまり、この組込変数NRを使って真偽判定を行えば、指定した行を抜き出せることになります。

　前述の1行目だけを抜き出す場合には、次のようになります。

```
$ seq 1 10 | awk 'NR == 1 {print $0}'
```

　第1章で出てきたように{print $0}が省略できることを使うと、これは次のように短く記述することができます。

```
$ seq 1 10 | awk 'NR == 1'
```

　このように真偽をパターンを使うだけで簡単に判別し、行の処理を行うことができます。

2.3 先頭10行を抜き出す

　Unixのheadコマンドは、デフォルトで先頭10行を出力します。これをAWKで作ると次のようになります。

```
$ seq 1 100 | awk 'NR <= 10'
```

　この例では、「組込変数NRが10以下の場合」というパターンで真偽判定を行っています。スペースを除けば6バイトという短さで、非常に簡単にheadコマンドと同じものができてしまいました。
　さて、本当にheadコマンドと同じなのでしょうか。実は大きく違います。headコマンドは指定行まで表示し終わると、パイプの前のコマンドに対してSIGPIPEを出しますので、前のコマンドはエラーを出して止まります。
　一方、このAWKスクリプトでは、パイプの前のプロセスは最後まで実行されます。このため、bashの配列`$PIPESTATUS[@]`や、zshの配列`$pipestatus[@]`でエラー処理を行っているような場合には、こうした挙動の違いに注意が必要です。エラーを出さないAWKのほうがよいと思われるかもしれませんが、例えばパイプの前のコマンドが大きなファイルを扱っている場合には、そのプロセスが終わらないため、余計にCPUパワーを消費してしまうことになります。

```
$ seq 1 1000000 | head > /dev/null

$ echo ${PIPESTATUS[@]}
141 0   ←head コマンドの戻り値が 0 でない

$ seq 1 1000000 | awk 'NR <= 10' > /dev/null

$ echo ${PIPESTATUS[@]}
0 0
```

2.4 末尾10行を抜き出す

　headコマンドと同様にtailコマンドもAWKで記述できるのですが、**AWKは先頭の1行目からしか読むことができないため**、tailコマンドをAWKで作成するのは効率的ではありません。普通に組むと次のようになります。

```
$ seq 1 100 | awk '{a[NR] = $0} END {for (i = NR - 10; i <= NR; i++) print a[i]}'
```

　ただ、このスクリプトだと行数分だけ配列を生成するため、大きなファイルを扱う場合にはメモ

リを大量に消費してしまいます。そこで、よく使われる手法としてリングバッファを使う方法があります。

```
$ seq 1 100 | awk '{a[NR % 10] = $0} END {for (i = NR + 1; i <= NR + 10; i++) print a[i % 10]}'
```

このようにすることで生成される配列の要素数を10個に制限し、メモリを節約することができます。

とはいえ、tailコマンドをAWKでまねるのは非効率です。どうしてもAWKでtailコマンドのようなものを作りたい場合には、以下のような「シェル芸」で逃げましょう。

```
$ seq 1 100 | tac | awk 'NR <= 10' | tac
```

tacコマンドは、スペルがcatコマンドの逆になっていることから想像できるように、catコマンドの逆順に表示する便利なコマンドです。

2.5 範囲を指定する

AWKのパターンには論理演算子を使うことができます。「AとBの両者が真の場合にパターン全体が真になる」ことを示すA && Bと、「AまたはBのどちらかが真の場合にパターン全体が真になる」ことを示すA || Bです。これらを使うと、10行目から20行目までといった範囲を指定して出力することができます。

次の例は「組込変数NRが10以上かつ組込変数NRが20以下」という意味になり、10行目から20行目までを表示します。

```
$ seq 1 100 | awk 'NR >= 10 && NR <= 20'
```

2.6 範囲指定演算子

AWKには、sedコマンドのように範囲を指定する範囲演算子，（カンマ）があります。例えば、10行目から20行目を出力する際には、次のように書けます。

```
$ seq 1 100 | awk 'NR == 10, NR == 20'
```

この**範囲指定演算子**は、カンマの前後がスイッチのように働きます。つまり、上記の場合には「組込変数NRが10から組込変数NRが20まで」という意味ではなく、「**組込変数NRが10になったらパターンを真にして、組込変数NRが20になったらパターンを偽にする**」という意味になるので注意しましょう。

これを説明するために少し違う例にしましょう。

```
$ seq 1 10 | awk 'NR % 2 == 0, NR % 3 == 0'
```

どういう答えになるか分かりますか。%は剰余を計算する演算子です。したがって、「組込変数NRを2で割った余りが0になったらパターンが真になり、組込変数NRを3で割った余りが0になったらパターンが偽になる」ということを繰り返します。そのため、2、3、4、5、6、8、9、10という数が表示され、組込変数NRを3で割った余りが0になったら終了するという意味ではないことが分かるでしょう。

2.7 マッチする行を抜き出す

正規表現にマッチする行は、grepコマンドの代用としてもよく使われます。それは多くの場合、grepコマンドの結果だけで最終的に望まれる出力であることはほとんどなく、さらに何らかの加工が必要である場合が多いからです。そのため、grepコマンドとAWKをパイプでつなぐよりも、AWK単独で処理したほうが効率が良いことがあります。

例えば、正規表現[23]（2または3が含まれる）にマッチする行は次のように記述できます。

```
$ seq 1 10 | awk '/[23]/'
```

AWKの正規表現は、必ずスラッシュ / で囲む必要があります。さらに、「単独でスラッシュで囲まれた正規表現は $0 ~ が省略されている」という暗黙の了解にも十分注意してください。つまり、次のものと同じ意味になります。

```
$ seq 1 10 | awk '$0 ~ /[23]/'
```

2.8 マッチしない行を抜き出す

同様にマッチしない場合には、否定演算子！を用いて、次のように記述できます。

第 2 章　シェルコマンドを使った処理の効率化は AWK の行（レコード）操作がカギをにぎる

```
$ seq 1 10 | awk '!/[23]/'
```

こちらは、次のものと同じ意味になります。

```
$ seq 1 10 | awk '$0 !~ /[23]/'
```

2.9　psコマンドとの連携

少し応用問題をやってみましょう。psコマンドからあるコマンドのプロセスIDを調べるのに、次のような記述を見かけます。

```
$ ps ax | grep 'awk' | grep -v 'grep' | awk '{print $1}'
```

これは、psコマンドの出力にgrepコマンド自身が含まれてしまうので、後から否定を意味するgrep -vで除外しているものですが、正規表現を効果的に使うと次のように記述できます。

```
$ ps ax | awk '/[a]wk/ {print $1}'
```

psコマンドの出力は[a]wkという表示になり、正規表現[a]wk（正規表現awkと同義）にはマッチしませんので、grep -vのように面倒な処理を行う必要がなくなります。ちょっとしたトリックですが、せっかく正規表現を使っているのであれば、面白く使いこなしましょう。

2.10　1行目〜マッチした行まで

1行目から正規表現にマッチした行までを表示したいことって、ありませんか。ここではtopコマンドの先頭部分だけが欲しいとしましょう。この場合には、範囲演算子を使って次のように記述できます。

```
$ top -b -n 1 | awk 'NR == 1, /^$/'
```

topコマンドはオプション-bでバッチモードになり、コンソールがなくてもバッチ処理中で処理できるようになります。オプション-n 1は1回分の表示を行うという意味です。前述したとおり、範囲演算子を使うと、組込変数NRが1の場合にパターンが真になり、正規表現^$（空行）でパターンが偽になるため、先頭部分を表示することができます。また、再び組込変数NRが1になるこ

とがないため、必ず先頭部分だけを取得することができます。

2.11 マッチした行〜最後まで

　逆に、topコマンドの後半部分を取り出したいというときにも、先ほどと同じく範囲演算子を使います。最初の部分は正規表現^$でよいのですが、最後の部分はどう取得すればよいでしょうか。すでにAWKでは空文字列と数字の0だけが偽になると解説しました。これを使って、カンマの後半を真にしなければよいのです。

```
$ top -b -n 1 | awk '/^$/, 0'
```

　このようにすでに紹介した真偽というものと、行の指定というものを使うだけで、様々な処理を行うことが可能だということをお分かりいただけたのではないでしょうか。

2.12 組込変数NRが定義されないgetline

　さて、本章の最初に「アクションではレコード単位に分割していき、現在処理を行っている行番号が組込変数NRに格納されます」と説明しました。AWKにはファイルを読み込む手段として、アクションで読み込むほかに、getlineで読み込むという方法があります。

　ところが、この**getlineは引数を取りつつ、その引数に値を渡しつつ真偽値を返す**という謎な動作をするため、初心者には分かりにくいものです。しかも、**getlineで読み込んだ場合には組込変数NRは定義されないことがある**のです。したがって、あえてgetlineは関数とも文とも呼ばずにgetlineと呼ぶことにします。

　さらに、getlineの使い方で値の定義される組込変数が異なります。詳細は複雑なので本書では割愛しますが、ここでは「getlineで読み込んだ場合には、組込変数NRが定義されない場合があるので注意する」ということだけ覚えておきましょう。

　AWKでは次のように、BEGIN部でもファイルを読むことができます。

```
BEGIN {
    while (getline < "-" > 0) {
        print "NR = ' NR;
    }
    close("-");
}
```

getlineを使った場合には、必ずclose()文を使う癖をつけるようにしましょう。また、マイナス記号-はファイル名の一種で標準入力を示すものです。これをnr.awkとして保存し、次のように実行してみてください。

```
$ seq 1 10 | awk -f nr.awk
```

組込変数NRが全て0で表示されましたね。これは、getlineでは組込変数NRが定義されないからです。したがって、getlineでファイルを読む際には、行番号は自分でカウントする必要があります。

```
BEGIN {
    while (getline < "-" > 0) {
        print "NR = " ++nr;
    }
    close("-");
}
```

このようにgetlineには癖がありますが、使いこなせると強力な武器になります。

2.13 本章のまとめ

テキストデータ処理とは基本的に、元になるデータから必要な部分を抜き出して加工することを意味します。また、できるだけ早い段階で必要な行を絞り込むことで、後続のパイプにつながるコマンドの負荷を減らすことができます。AWKで必要とする行を効果的に抜き出し、「シェル芸」での処理能力を上げていきましょう。

第 **3** 章

AWKプログラミングの真髄の1つ
フィールド（列）を操る
基礎テクニック

前章では AWK のレコード、すなわち行について学びました。ここ
ではフィールド、つまり列について説明します。列を抜き出すのに、
cut コマンドの代わりに AWK を利用するケースを見かけますが、
AWK のフィールド操作は、cut コマンドよりもはるかに強力なものに
なっています。

第3章 AWKプログラミングの真髄の1つ フィールド（列）を操る基礎テクニック

3.1 フィールドとは？

　AWKは読み込んだテキストファイルをレコード（デフォルトでは行に相当）に自動的に分割しますが、さらにそのレコードを「フィールド」というものに分割します。具体的には、1つのレコードの中を組込変数 **FS**（Field Separator）で分割したもの1つ1つをフィールドといいます。デフォルトでは、英文の単語に該当するものがフィールドになります（理由は後述）。

　フィールドは、レコードの先頭から $1、$2、$3……と分割されていきます。さらに、**現在処理中のレコードでのフィールド数は組込変数 NF**（Number of Field）**で定義されるので、レコードの末尾からは $NF、$(NF － 1)、$(NF － 2)……と定義されます**。シェルの引数と似ているため、混同しないように注意しましょう。

　例えば、"This is a pen." という英文があったとすると、次のように分割されます。

```
This        is         a          pen.
$1          $2         $3         $4
$(NF - 3)   $(NF - 2)  $(NF - 1)  $NF
```

　これは、**デフォルトで組込変数 FS が連続するスペースまたはタブ文字になっているため**です。英文のようにスペースで区切られたものを処理する場合に都合の良いものになっています。また、多くのUnix系OS上で動作するサービスのログファイルのほとんどが、AWKでも処理しやすいように、スペースやタブ文字で区切られた構造になっています。

　よく利用されるテキストファイルの代表として、カンマ , でデータが区切られたCSVファイルがありますが、AWKでは組込変数 FS にカンマ , を代入することで、CSVファイルを扱うことができます。

```
$ echo "a,b,c" | awk -F',' '{print $2}'
b
```

　ただし、CSVファイルのフォーマットには、データをダブルクォート " で括るようなものや、改行を含むようなものもあります。そのような場合には、標準的なAWKではどちらも扱うことができません。GNU AWKであれば、前者に限り新しく定義された組込変数 FPAT を定義することで対応できますが、ここでは割愛します。

　少し不思議な例を挙げておきます。先ほど、デフォルトで組込変数 FS は、連続するスペースまたはタブ文字であると述べました。では、正規表現で記述した際には、[\t]+ と同義なのでしょうか？　実は違います。記事の文面からは分かりづらいかもしれませんが、先頭にスペースを含めたもので試すと分かります。

```
$ echo "    a b c" | awk '{print $2}'
b
$ echo "    a b c" | awk -F'[ \t]+' '{print $2}'
a
```

では、組込変数FSのデフォルトの正確な定義は何なのでしょうか。実は、**スペース1つ**です。

```
$ echo "   a b c" | awk -F' ' '{print $2}'
b
```

様々なファイルを読み込むような場合だと、組込変数FSを変更していくことがあります。再びデフォルトに戻したいこともありますが、そのような場合に備えて覚えておくと便利でしょう。同時に、自分で組込変数FSを設定した場合には、行頭がどうなるかに注意しましょう。

なお、AWKでは実行コマンドのオプションで、スクリプト内で使用する変数とその値を指定できるのですが、他の変数は-vオプションで指定するのに対し、組込変数FSだけは-Fオプションで直接指定できるようになっています。これは、組込変数FSがしばしば変更されるからかもしれません。

3.2 指定フィールドを抜き出す

AWKによるフィールド操作で最もよく使われるものが、特定のフィールドの抜き出しではないでしょうか。すでに何度か例として挙げていますが、単純にprint文の引数としてフィールドを指定するだけです。

```
$ echo "a b c" | awk '{print $2}'
```

もちろん、$0に抜き出したいフィールドを指定するだけでも同じことができます。

```
$ echo "a b c" | awk '$0 = $2'
```

この例は、レコード（$0）に第2フィールドを代入することを意味しますが、AWKでは代入に成功します。代入の真偽は左辺値で決まるので、代入された$0が数字の0または空文字列でない限り、真になります。真の場合には{print $0}が省略されたものと見なされるため、結果として$2が$0に代入された値が表示されることになります。

もちろん、抜き出したいものが数字の0や空文字列である場合には偽になってしまうため、何も表示されません。

```
$ echo "0 1 2" | awk '$0 = $1'
  ←何も表示されない
$ echo "0 1 2" | awk '{print $1}'
0
```

これは、cutコマンドでも同様のことができます。

```
$ echo "0 1 2" | cut -d' ' -f1
0
```

　AWKのフィールドの抜き出しとcutコマンドの最大の違いは、フィールドの区切りに正規表現が使えるかどうかという点でしょう。組込変数**RS**には正規表現が使えない（gawkを除く）と書きましたが、組込変数**FS**には正規表現を用いることができます。したがって、以下の例のように、日付や時刻の区切りであるスペース、コロン、スラッシュを、まとめて組込変数FSに指定することができます。

```
$ echo "2014/03/08 12:12:12" | awk -F'[ :/]' '{print $2}'
03
```

3.3　指定フィールドを消す

　指定したフィールドのみを削除するには、そのフィールドに空文字列を代入します。

```
$ echo "a b c" | awk '{$2 = ""; print}'
a  c
```

　その後の処理にも依存しますが、この例のaとcの間にはスペースが2つ入ってしまうので、注意が必要です。
　これをパターンのみで記述すると次のようになることは、すでに説明しました。

```
$ echo "a b c" | awk '!($2 = "")'
a  c
```

　また、フィールド数が少ない場合には、特定のフィールドを削除するよりも、消したいフィールド以外を表示したほうが、簡単で分かりやすいと思います。

```
$ echo "a b c" | awk '{print $1, $3}'
a c
```

　実は、このprint文で用いたカンマは特殊で、組込変数OFS（Output Field Separator）に置き換えられます。組込変数OFSはデフォルトではスペース1つです。
　AWKにはフォーマットを指定して表示することができるprintf文もあるので、以下のようにしても同じ結果が得られます。

```
$ echo "a b c" | awk '{printf("%s %s\\n", $1, $3)}'
a c
```

注意したいのは、このprintf文のカンマは引数の区切りであり、組込変数OFSを示すものではないことです。**カンマを組込変数OFSとして扱うのは、printf文だけです。**

AWKには、print文とprintf文の両方の出力方法が用意されているので、ある程度長いプログラムを作成する際には統一したほうがよいでしょう。

3.4 範囲指定でフィールドを抜き出す

AWKで指定範囲のフィールドを抜き出すには、for文やwhile文のようなループを用いる必要があり、記述が複雑になります。

まず、for文を用いた例を示します。

```
$ echo "a b c" | awk '{for (i = 2; i <= NF; i++) a = a OFS $i; print a}'
 b c
```

または、while文を使って以下のようにも記述できます。

```
$ echo "a b c" | awk '{i = 2; while (i <= NF) a = a OFS $(i++); print a}'
 b c
```

`a = a OFS $i`や`a = a OFS $(i++)`という記述がありますが、AWKでは文字列同士をつなげる場合、このようにスペースを挟んで連続して記述します。

また、`$i++`と記述すると、AWKの演算の優先順位により、`$i`に対してインクリメント演算子`++`が実行されてしまいます。そのため、変数iに対してインクリメントするように括弧で囲んでいます。

3.5 フィールドの計算

よく行う処理として、フィールドの計算があります。いわゆる縦横集計の横方向の集計にあたります。これを行うにはfor文を使います。

```
$ echo "1 2 3" | awk '{for (i = 1; i <= NF; i++) sum += $i; print sum}'
6
```

ちょっと長いですね。行数が多くなければ、「シェル芸」を使うといろいろな計算方法が使えます。例として、計算式を生成してbcコマンドに投げる方法を示します。

```
$ echo "1 2 3" | tr ' ' '+' | bc
6
```

　これは、bashの配列$PIPESTATUS[@]が全て0かどうかを判断するときに、筆者がよく使っている手法の1つです。配列$PIPESTATUS[@]の値はechoなどで表示すると戻り値がスペース区切りになっているので、全てを足した結果が0であれば全てのパイプでエラーがないことになります。
　では、AWKを用いる利点にはどのようなものがあるのでしょうか。これには以下のような点が挙げられます。

- Cライクな文法で統一して記述できる
- 他のコマンドに頼ることなく全てをAWKだけで完結できる
- 処理が速い

　「AWKは遅い」と思われているようですが、一般的なディストリビューションで用いられているmawkやgawkは、他のインタプリタ言語よりも高速に動作します。それに加えて、パイプを多段にすることによる時間的なロスも少なくできます。AWKでも簡潔に記述できる場合には、AWKで記述することをお勧めします。
　もう一例として、体重（kg）と身長（cm）が与えられたときのBMI値を計算してみます。

```
$ echo "50 160" | awk '{print $1 / ($2 / 100) ^ 2}'
19.5312
```

　第5章で数値演算についても説明していきますが、AWKは四則演算だけでなく一般的な数学関数も扱えるため、様々な計算を行うことが可能です。

3.6 フィールドの再構築

　本章の最後に「**フィールドの再構築**」という、聞きなれないAWK独自の書式の説明をします。
　例えば、CSVファイルをスペース区切りにしたいとしましょう。つまり、組込変数FSにカンマを指定して、組込変数OFSにスペースを指定すればよいわけです。

```
$ echo "a,b,c" | awk -F',' -v OFS=' ' '4'
```

　変わりませんね。これは、"a,b,c"を読み込んだ際にAWKがフィールド分割を行っているだけで、**新しくフィールドを再構築**していないためです。
　新しくフィールドを再構築し、新しいレコードを作成するには、次のような変わった文法を用います。

```
$ echo "a,b,c" | awk -F',' -v OFS=' ' '$1 = $1'
```

　この **$1 = $1** という記述方法をフィールドの**再構築**と呼び、フィールドに新しく変数が代入された場合に初めて、組込変数OFSに従ってフィールドとレコードを再構築するというAWKの挙動を利用したものです。この記法は全てのAWKで通用します。
　ただし、すでに学習したように、代入された結果が偽（左辺値がゼロまたは空文字列）になると成立しません。

```
$ echo "0,1,2" | awk -F',' -v OFS=' ' '$1 = $1'
　←何も表示されない
```

　そういう場合には、パターンで記述せずにアクションで記述すると安心です。

```
$ echo "0,1,2" | awk -F',' -v OFS=' ' '{$1 = $1; print}'
0 1 2
```

　フィールドの再構築を行うことで、簡単に様々なフォーマットへの変換ができます。知らないと、$1 = $1という記述は何をやっているのかすら分からないのですが、慣れると便利です。フォーマット変換はAWKの武器の1つですので、覚えておくと「シェル芸」がはかどることでしょう。

3.7　本章のまとめ

　一般的にUnix系OSに搭載されているコマンドは行単位で処理を行う行指向のものが多い中で、AWKは標準で列方向にもフィールドで分割するという列指向の概念を持っているプログラミング言語です。そのため、AWKがどのようにして列方向に分割するかを理解しておくことで、列方向に対して抽出や削除といった作業を正しく行えるようになります。
　特にフィールドの再構築に関しては知っておくと便利な機能の1つなので、活用してみてください。

第 **4** 章

AWKで一番の得意ワザ！
シェルで文字列を自在に扱う
ための文字列関数

AWKの最も得意とするものは文字列処理だと言われています。従来、Unix上で文字列を処理する一般的な方法は、sedコマンドをはじめ、非常に特化した文法を有するプログラムで処理することでした。しかし、AWKの登場により汎用的でC言語ライクな、人が理解しやすい記述を行えるようになり、文字列処理の生産性が向上しました。ここではその文字列処理について説明します。また、AWKの生みの親の一人であるBrian Kernighan大先生からも提案された、ある変更についてもお知らせします。

第 4 章　AWK で一番の得意ワザ！ シェルで文字列を自在に扱うための文字列関数

4.1　文字列の抜き出し

　データ処理の基本は「データを加工・集計してまとめる」こと、つまり「元のデータから必要な部分を抜き出して加工する」ことです。フィールド単位で抜き出す方法は前章で説明しました。本章はフィールド単位ではなく、「○文字目から○文字を抜き出す」といった処理から説明します。

　この「○文字目から○文字を抜き出す」処理を行うには、substr()関数を使います。では、2文字目から後の文字列を取得してみましょう。

```
$ echo 'abcde' | awk '{print substr($0, 2)}'
bcde
```

　このようにsubstr()関数は、最初の引数に対象文字列、2番目の引数に、2文字目からであれば2を与えることで、必要な文字列を抜き出すことができます。

　この短縮形として以下のようにも書けます。「シェル芸」で使うとキーの打数が少なくなり効率的です。

```
$ echo 'abcde' | awk '$0 = substr($0, 2)'
bcde
```

　substr()関数には3番目の引数を与えることもできます。この3番目の引数を指定すると、指定した文字数分だけの文字列を取り出すことができます。では、2文字目から3文字を取得してみましょう。

```
$ echo 'abcde' | awk '{print substr($0, 2, 3)}'
bcd
```

　他の言語にもsubstr()関数や、それに似た関数があります。ただ、**多くの言語は 0 から数え始める「ゼロオリジン」です。一方、AWK は 1 から数え始める「1 オリジン」であるため**、人間の思考に近いイメージで引数を与えることができます。これはレコードやフィールドについても同じですし、AWKに関する全てのインデックスは1から開始されます。もっとも、逆に分かりにくいという方も多いようです。

　よく使われる方法として、「対象文字列の中にある特定の文字列から任意の文字列を取り出す」または「ある文字列までの任意の文字列を取り出す」というものがあります。このような場合には、index()関数を併せて用いると効果的です。

```
$ echo 'abcde' | awk '{print substr($0, index($0, "b"))}'
bcde
```

　この例では文字列bから最後までを抜き出すのに、substr()関数とindex()関数の両方を用いています。

index()関数は最初の引数に対象となる文字列、2番目の引数に検索したい文字列を指定すると、検索したい文字列の先頭位置を返します。検索文字列が存在しない場合には0を返します。

このsubstr()関数とindex()関数の組み合わせは、文字列の抜き出しの中でも特に多く用いられるテクニックなので、覚えておくと便利です。

4.2 文字列の検索

文字列検索や正規表現検索を行うスクリプトはすでに紹介しましたね。

```
$ echo 'abcde' | awk '$0 ~ /b.*/'
abcde
```

この一行野郎[注1]では、与えられた入力行が正規表現にマッチするかどうかは分かりますが、具体的にどの部分がマッチしているのかまでは分かりません。そこでAWKにはmatch()という少し特殊な関数が用意されています。

```
$ echo 'abcde' | awk 'match($0, /b.*/)'
abcde
```

このように、match()関数は最初の引数に対象文字列を指定して、2番目の引数には検索する正規表現を指定します。

これだけを見るとmatch()関数はマッチ演算子~と同じような気がします。では、なぜmatch()関数が特殊なのでしょうか。それはmatch()関数が値を返すだけでなく、組込変数RSTARTとRLENGTHをセットするからです。この組込変数RSTARTにはマッチした最初の位置、組込変数RLENGTHにはマッチした長さが格納されます。

```
$ echo 'abcde' | awk 'match($0, /b.*/) {print RSTART, RLENGTH}'
2 4
```

つまり、正規表現b.*というのは、$0の2文字目から4文字が該当した部分であるということです。

match()関数がセットした組込変数RSTARTとRLENGTHを使うと、以下のようにして、正規表現にマッチする部分だけを抜き出すことができます。

```
$ echo 'abcde' | awk 'match($0, /b.*/) {print substr($0, RSTART, RLENGTH)}'
bcde
```

とはいえ、多くの場合にはマッチ演算子~だけで十分なことが多く、match()関数を用いること

注1) ワンライナーのこと。1行で必要な処理を書き切る。

は少ない気がします。なぜなら、match()関数の最大の特徴である組込変数RSTARTとRLENGTHを使おうとすると、必然的に一行野郎で記述するには長過ぎるからです。

「シェル芸勉強会」で生まれた本来の目的ではない最大の成果の1つに**grep -o**というものがあります。grepコマンドの引数として-oオプションを付けると正規表現にマッチした部分だけを抜き出す、つまり先ほどのAWKスクリプトと同じことがgrepコマンドでできてしまうのです。

```
$ echo 'abcde' | grep -o 'b.*'
bcde
```

また、シェル芸に便利な文字列の「縦→横変換」（文字列を1文字ずつ分離してそれぞれに改行を挿入する）も、瞬時にこなしてくれます。

```
$ echo 'abcde' | grep -o '.'
a
b
c
d
e
```

さらに、最新のGNU AWKのmatch()関数は拡張されて第3の引数を取るようになり、便利さを増しました。少し脱線しましたが、こうしたGNU拡張の話は第7章以降で行います。

4.3 文字列の置換

　AWKには、正規表現にマッチした文字列を置換する関数が用意されています。最初にマッチした文字列だけを置換するのがsub()関数で、マッチした全ての文字列を置換するのがgsub()関数です。

```
$ echo 'abcde' | awk '{sub(/./, "A"); print $0}'
Abcde
$ echo 'abcde' | awk '{gsub(/./, "A"); print $0}'
AAAAA
```

　この例では正規表現.（つまり1文字）を文字列"A"に置換しているのですが、sub()関数の場合には最初の文字だけ、gsub()関数の場合には全てが置き換わっていることが分かります。

　sub()関数とgsub()関数が取る引数のうち、1番目は置換対象になる正規表現、2番目は置換後の文字列、3番目は置換対象文字列です。ただし、3番目の引数は省略可能であり、省略した場合には$0が用いられます。

　さて、**sub()関数、gsub()関数ともに戻り値は「置換に成功した個数」**であることに注意してください。よく置換後の文字列だと勘違いをして、以下のように省略する人がいます。

```
$ echo 'abcde' | awk '$0 = gsub(/./, "A")'
5
```

この書き方では、右辺で置換に成功した個数の5が左辺の$0に代入され、それが表示されてしまいます。もし省略するのであれば、以下のように代入式はなしにします。

```
$ echo 'abcde' | awk 'gsub(/./, "A") ""'
AAAAA
```

これにより、gsub関数により置換された$0の値"AAAAA"が表示されます。

また、この例では代入式をなくしただけでなく、gsub()関数に空文字列をつなげて明示的に右辺値を文字列にしています。こうすると、gsub()関数（やsub()関数）が0を返しても$0が表示されます。AWKは、数字の0を偽とするのに対し、文字列の0を真とするからです。

```
$ echo 'abcde' | awk 'gsub(/z/, "Z") ""'
abcde
```

なお、GNU拡張では置換後の文字列を返すgensub()関数が加わり、正規表現の拡張や、後方参照による一部のパターンのみの置換や抜き出しも可能になっています（第5章で説明します）。

4.4 文字列の連接

第3章で簡単に触れましたが、AWKで文字列をつなげる（**連接**する）場合には、つなげる文字列の間にスペースを置きます。明確に区別ができれば、スペースすら不要です。

```
$ echo 'abcde' | awk '{print $0 "fghij"}'
abcdefghij
```

これは他の言語と比べると特殊であり、演算子がない状態であっても文字列が並ぶと「連接」として扱われます。また、AWKにはシェルの変数のように「最初に$が付くと変数を表す」といった接頭文字がありませんので、以下のようにprint文を間違ってprinと記述してしまったAWKスクリプトはエラーになりません。

```
$ echo 'abcde' | awk '{prin $0 "fghij"}'
    ←何も表示されない
```

AWKの中では、変数prinと$0と文字列fghijが連接されているだけだと判断されます。また、表示するべき命令が記載されていませんので、エラーもなく、何も表示されません。

別の方法として、他の言語でも多く実装されているsprintf()関数があります。sprintf()関数

は、C言語など他の言語と同じように用いることができ、文字列だけでなく、数字の場合にはフォーマット指定を行うことができます。

```
$ echo 'abcde' | awk '{print sprintf("%s%s", $0, "fghij")}'
abcdefghij
```

もちろん、AWKにはprintf()文[注2]も準備されていますので、以下のように記述できます。

```
$ echo 'abcde' | awk '{printf("%s%s\n", $0, "fghij")}'
abcdefghij
```

以前は、連接とsprintf()関数ではsprintf()関数のほうが高速であると言われていましたが、今のGNU AWKではほぼ同じ速度で動作します。したがって、どちらを使うかはユーザーが判断して見やすいほうを使えばよいでしょう。

4.5 大文字小文字変換

AWKには標準で大文字から小文字への変換、またはその逆の変換を行う関数が用意されています。

```
$ echo 'abcde' | awk '{print toupper($0)}'
ABCDE
$ echo 'ABCDE' | awk '{print tolower($0)}'
abcde
```

変換すること自体を目的として使うよりも、大文字小文字を同一視させたい場合、かつ古いAWKで組込変数IGNORECASEが有効ではない場合に使われることが多いでしょう。

```
$ echo 'Awk' | awk 'tolower($0) == "awk"'
Awk
```

このようにすることで、大文字と小文字を無視した条件分岐を行うことができます。

注2) sprintf()は関数ですが、printf()は文です。

4.6 AWKの区切り？

　最後に閑話休題ということで、比較的最近に話題になったAWK界隈のニュースをお知らせします。POSIXではAWKの区切りとして;;（2回のセミコロン）となっているそうです。

```
$ seq 1 10 | nawk '/1/ ;; /2/'
1
2
10
```

　ところがGNU AWKではこれに準拠していないということが最近話題になりました。

```
$ seq 1 10 | gawk '/1/ ;; /2/'
gawk: cmd. line:1: each rule must have a pattern or an action part
```

　確かにエラーになります。GNU AWKのメンテナーのArnold Robbinsは、POSIXの記載自体が古い上、for文のように区切りが全て;;になっているわけではないので、AWKの作者のBrian Kernighan（C言語の生みの親であるK&Rの「K」の人であり、AWKの「K」の人）に聞いてみようじゃないかと提案します。

　Kernighan大先生からのメールを超意訳すると、

> 「いや～、すまんかった。実はAlfred（Alfred Aho。AWKの「A」の人）も、Peter（Peter Weinberger。AWKの「W」の人）も、そこまでAWKを書きこなしていたわけじゃなかったんじゃよ。1988年にPOSIXを修正しようかと思っておったんじゃが、そのままにしていたら今日また同じことになったんで、こりゃ決めんといかんな。Arnoldの言うとおりに1つのセミコロンに決定じゃ」

という感じの緩めのメールなのですが、あのKernighan大先生から全世界のAWKユーザーにメールされたというのはかなりインパクトがあったと思います。

　したがって、以下の文法が適用されます。これはnawk、gawk問わずに動作します。

```
$ seq 1 10 | awk '/1/ ; /2/'
1
2
10
```

　めでたし、めでたし。

4.7 本章のまとめ

　AWKは文字列操作が得意であると冒頭にも書きましたが、基本的な機能しか持っていないこともお分かりになったと思います。

　複雑なことをする場合には小さな機能をつなげていくことになるためプログラムが長くなる一方で、覚えるコマンドが少ないというメリットがあります。

　プログラムを書く際にマニュアルや書籍を常に開いておく必要もないため、まさにAWKは一行野郎やシェル芸でサクサク処理をこなすのに最適なプログラミング言語と言えるでしょう。

第 **5** 章

シェルで表計算ができるかも!?
AWKの四則演算と
数値演算関数

本章では、AWK で行う「数値演算」を解説します。AWK はテキスト処理に特化しているため、数値演算が苦手というイメージをお持ちの方が多いかもしれません。しかし、実は一般的な四則演算に加えて、多くの数値演算関数が実装されています。加えて本章では、AWK をはじめとする多くの言語が 2 進数で計算を行っていることにより直面する問題に言及し、AWK がどこまでの数を計算できるのか検証します。

第5章　シェルで表計算ができるかも!? AWKの四則演算と数値演算関数

5.1 四則演算

　AWKでは一般的な四則演算（加減乗除）を行うことができます。**数字は全て倍精度浮動小数点数として扱われます**。また、演算順序も学校で習うように、足し算と引き算よりも、掛け算と割り算が優先されます。それでは 1 + 2 - 3 * 4 / 5 を計算してみましょう。

```
$ echo '1 2 3 4 5' | awk '{print $1 + $2 - $3 * $4 / $5}'
0.6
```

　このようにシェル上で、与えられた数式を評価して計算を行う場合、bcコマンドなどを用いるのが一般的だと思います。しかし、bcコマンドには癖があり、初心者には扱いにくいかもしれません。

```
$ echo '1 + 2 - 3 * 4 / 5' | bc
1
```

　また、bcコマンドは標準だと整数しか返しません。小数を扱いたい場合には、次のように-lオプションを使う必要があります。

```
$ echo '1 + 2 - 3 * 4 / 5' | bc -l
.60000000000000000000
```

　一方、AWKにはeval関数のような評価関数がないため、与えられた数式を簡単にパースすることができません[注1]。
　とはいえ、数式を与えて、計算結果を出力したい場合もあるでしょう。そこで筆者は、次のような関数をbashの関数として ~/.bashrc ファイルに定義してあります。

```
calc() {
    awk "BEGIN {print $*}"
}
```

　とても小さな関数ですが、これで、コマンドライン上で簡単に数式を計算できるようになります。中身がAWKそのものなので、後述するAWKの組込関数も扱うことができます。

```
$ calc '1 + 2 - 3 * 4 / 5'
0.6
```

注1) このように演算子（+、-、*、/）の前後に数字が配置された、小学校で習う数式の記述方法を「中置記法」といいます。中置記法をパースするのは簡単ではありませんが、書籍『プログラミング言語AWK』（A.V. エイホ、P.J. ワインバーガー、B.W. カーニハン 著、足立高徳 訳、USP研究所 刊、ISBN978-4904807002）では、その方法が詳しく解説されています。また、中置記法だけでなく、逆ポーランド記法（後置記法）のパース方法についても詳細な説明があります。同書ではUnixを作り上げた天才たちが、AWKだけでなく他のプログラミング言語においても応用可能な基礎を解説しています。同書が「経典」と呼ばれている所以はこうしたところにあるのでしょう。

シェルが先に演算子を解釈してしまうため、数式はシングルクォートまたはダブルクォートで囲まないといけない点に注意してください。そうしないと*などが展開されてしまったり、/がルートディレクトリとして認識されたりして、正しい計算ができません。

5.2 三角関数

AWKには三角関数もあります。ところが、正弦を表すsin()関数、余弦を表すcos()関数があるだけで、正接を表すtan()関数がありません。これは、tan()関数がsin()関数とcos()関数だけで記述できるためです。学校で学んだように、tanはsinをcosで割ったものですから、tan(1)を求めるには次のようにすればよいのです。

```
$ awk 'BEGIN {print sin(1) / cos(1)}'
1.55741
```

もし、先ほど紹介したbashのcalc関数を導入しているのであれば、AWKの組込関数も使えますので、tanは次のようにして簡単に求まります。

```
$ calc 'sin(1) / cos(1)'
1.55741
```

さらに、このsin()関数とcos()関数の引数である角度の単位は「度」ではなく「ラジアン」です。学校での授業を思い出してほしいのですが、度をラジアンに変換するには、角度に対し、π（パイ）を180度で割ったものを掛けます。90度をラジアンに変換してみましょう。

```
$ awk 'BEGIN {print 90 * 3.14 / 180}'
1.57
```

このように書くと、「πは3.14」と決め打ちになっていることに違和感がある方がいらっしゃるでしょう。AWKではπを直接計算することができます。それがatan2()関数です。

```
$ awk 'BEGIN {print atan2(0, -0)}'
3.14159
```

atan2()関数の基本的な用途は、角度を求めるため、2つの引数で逆正接arctanを計算するというものです。とても癖があるのですが、**atan2(0, -0)はπである**という定義を使うことで、90度のラジアンは次のようにして求めることができます。

```
$ awk 'BEGIN {print 90 * atan2(0, -0) / 180}'
1.5708
```

第 5 章　シェルで表計算ができるかも !?　AWK の四則演算と数値演算関数

5.3 対数、指数

　AWKには対数も用意されていますが、用意されているlog()関数は、ネイピア数eを底とする自然対数を返します。よく使う対数の表現として、10を底とした常用対数がありますが、こちらに変換するには学校で学んだように、次のようにして計算します。この場合、100は10の何乗であるかを求めていることになります。

```
$ awk 'BEGIN {print log(100) / log(10)}'
2
```

　また、指数関数としてexp()関数が用意されています。

```
$ awk 'BEGIN {print exp(1)}'
2.71828
```

　以上のように、**AWKに用意されているのはミニマルな関数のみです。数学的に変換するだけでまかなうことができる関数は用意されていない点に注意してください。**

5.4 乱数

　乱数を扱うための関数としてrand()が用意されています。rand()関数は0から1までの乱数を発生させます。乱数なので、関数の出力結果はみなさんの環境と異なるかもしれません。

```
$ awk 'BEGIN {print rand()}'
0.237788
```

　rand()関数で発生する乱数は0から1までなので、例えば、1から10までの乱数が欲しい場合には、次のようにする必要があります。

```
$ awk 'BEGIN {print int(rand() * 10) + 1}'
3
```

　ところが、このrand()関数は何度実行しても同じ値を返します。返す値は、AWKをビルドした環境に依存します。

```
$ awk 'BEGIN {print int(rand() * 10) + 1}'
3
```

```
$ awk 'BEGIN {print irt(rand() * 10) + 1}'
3
```

　これでは期待する乱数として扱えそうにありません。そこで、乱数の種を初期化する関数として
srand()関数が準備されています。これを用いることで、毎回異なる乱数を発生させることができ
ます。

```
$ awk 'BEGIN {srand(); print int(rand() * 10) + 1}'
1
$ awk 'BEGIN {srand(); print int(rand() * 10) + 1}'
3
```

　さて、このsrand()関数はビルドされた環境にも依存するのですが、本来の目的ではない使い方
もできます。
　LinuxのGCC（GNU Compiler Collection）などでビルドされた場合には、srand()関数は1970
年1月1日からの経過秒数を種にするため、Unix時間を取得することができるのです。

```
$ awk 'BEGIN {print srand() + srand()}'
1399856514 ←1970年1月1日からの経過秒数
```

　変な記述方法ですよね。複雑なので、ここでは説明を割愛しますが、これを用いることで、AWK
の実行にかかった時間を取得したり、Unix時間から日時や時間を取得したりできます。
　ただし、gawk（GNU AWK）ではUnix時間を直接取得するsystime()関数や、時間計算を行う
関数がありますので、こちらを使うのが便利でしょう。

5.5 整数化

```
$ awk 'BEGIN {print int(1.5)}'
1
```

　AWKには整数部を表示するint()関数があります。
　ところで、AWKには「あって当然」の四捨五入を行う関数がありません。正の数に関して四捨
五入は、次のようにすることで計算できます。

```
$ awk 'BEGIN {a = 1.5; print int(a + 0.5)}'
2
```

　ネット上の記事で、printf文で四捨五入する、という類いの記事を見かけることがあります。こ
れは誤りですので注意してください。**printf文には四捨五入のような機能はありません**。次の例
を見てください。

第 5 章　シェルで表計算ができるかも !?　AWK の四則演算と数値演算関数

```
$ awk 'BEGIN {printf("%.2f\n", 110.115)}'
110.11  ←四捨五入なら 110.12 となるはず
$ gawk 'BEGIN {printf("%.2f\n", 110.1151)}'
110.12
```

　printf 文にはどのように丸めて表示するかは定められていないため、上記のような変な結果が返っても文句を言えないことになります。
　四捨五入などの処理を行うには必ず、その処理を記載するようにしてください。ただし、gawk の最新版では、printf 文の丸めをどうするかについて設定できるようになっています。

5.6　2 進数に起因する問題

　では、ここでみなさんに問題です。次の結果はどうなるでしょうか。

```
$ awk 'BEGIN {print int(70.21 * 100)}'
```

　int() 関数の引数を計算すると 7021 なので、7021 と思われるかもしれませんが、答えは 7020 です。

```
$ awk 'BEGIN {print int(70.21 * 100)}'
7020
```

　詳細な説明は割愛しますが、70.21 は 2 進数では表現できない数値のため、AWK の中では 70.2099999999…… として格納されています。そのため、7020 となってしまうのです。これは 70.21 という数値だけが特殊というわけではありません。2 進数と 10 進数で正確に表現できる小数は異なるため 2 進数での計算結果を 10 進数で表現すると誤差が生じる場合があり、この数値以外に同様のケースは存在します。十分に注意してください。
　また、AWK に限らず、他の言語でも同様な現象が起こりえるので注意しましょう。例えば、Perl でも同様の結果になります。

```
$ perl -e 'print int(70.21 * 100) . "\n"'
7020
```

　小数での比較演算子を用いる場合には特に、その境界で正しい振る舞いをしているかどうかを確認した上で、比較演算を行うようにしましょう。思わぬところに落とし穴があるかもしれません。

5.7 どこまで計算できるのか

　では、AWKはどこまで（何ビットまで）計算できるのでしょうか。次のプログラムで簡単に調べることができます。まずmawk（マイク・ブレナン氏が実装した拡張版AWK）です。

```
$ mawk 'BEGIN {printf("%d\n", 2 ^ 31 - 1)}'
2147483647

$ mawk 'BEGIN {printf("%d\n", 2 ^ 32 - 1)}'
2147483647
```

　2 ^ 31 - 1と2 ^ 32 - 1が同じ結果になっていますね。mawkは31ビットまで計算できます。一方、nawk（new AWK）やgawkはもっと上の桁まで計算できます。

```
$ nawk 'BEGIN {printf("%d\n", 2 ^ 53 - 1)}'
9007199254740991

$ nawk 'BEGIN {printf("%d\n", 2 ^ 54 - 1)}'
18014398509481984

$ gawk 'BEGIN {printf("%d\n", 2 ^ 53 - 1)}'
9007199254740991

$ gawk 'BEGIN {printf("%d\n", 2 ^ 54 - 1)}'
18014398509481984
```

　何となく正しい値を出しているように見えますが、右端の桁に注目してください。2のN乗は必ず偶数になりますから、2のN乗から1を引いた数は、必ず奇数になるはずです。ところが2 ^ 54 - 1は偶数になっており、正しく計算できていません。つまり、nawkとgawkは53ビットまで計算できることになります。

　さて、数値計算のために準備されているAWKの関数は、このように必要最小限のものです。他の言語のように、過剰に関数が準備されていないため覚えやすい一方、データが膨大になった場合でも適切に処理できるため、Excelの代わりに用いられることもあるでしょう。Excelのように様々な関数が準備されていると、嬉しい場合もありますが、組込関数が覚えられず、リファレンスとにらめっこをすることになります。

　AWKの実装のため、srand()関数やatan2()関数、int()関数のように変わった振る舞いをするものもありますが、実際のプログラムでお目にかかることは少ないでしょう。遭遇する機会があれば思い出してください。

　なお、gawkはデフォルトでMPFR（Multiple Precision Floating-Point Reliable）による任意精度計算をサポートし、53ビット以上の計算も簡単に行えます。そのため、数値計算でAWKが活躍する場面も増えましたが、第10章で説明します。

第 5 章　シェルで表計算ができるかも !? AWK の四則演算と数値演算関数

5.8 本章のまとめ

　第4章の文字列操作に必要な関数が最小限であったように、AWKには数値演算関数も最小限しか実装されていません。最近は複雑な数値演算機能を持ったプログラミング言語も増えていますが、AWKのように少ない関数でサクサクと記述したほうが作業効率が高まることも少なくありません。AWKの数値演算関数を覚えて数値計算を加速させましょう。

第 **6** 章

AWKのトリッキーな
配列＆連想配列の仕組み・動作と
目からウロコのテクニック

ここでは配列について学びます。通常の言語と異なり、AWKで用いられる配列は全て連想配列として扱われます。とはいえ、連想配列でありながら、通常の配列と同じように扱える側面があるために、他のプログラミング言語を習得している方で違和感を覚える方もいるでしょう。これはAWKの作者たちが、配列と連想配列を同じように扱えるよう工夫した歴史的な経緯によるものです。それでは、少し変わったAWKの配列を勉強していきましょう。

第6章 AWKのトリッキーな配列＆連想配列の仕組み・動作と目からウロコのテクニック

6.1 配列と連想配列

まず、以下の例を見てください。3つの変数にApple、Orange、Bananaという果物の名前がデータとして1つずつ代入されています。

```
BEGIN {
    fruit1 = "Apple";
    fruit2 = "Orange";
    fruit3 = "Banana";
}
```

個別に扱っているうちは問題ありませんが、変数に入っている果物の名前を全て表示するといった処理では大変不便です。また、変数の間には並び順が存在しません。

あるデータの集まりを順番を付けて、「○○番目のものが○○である」というように保管したい場合には配列を使います。**配列であることを明確に示すために、配列名には複数形を使う**と分かりやすいでしょう。

```
BEGIN {
    fruits[1] = "Apple";
    fruits[2] = "Orange";
    fruits[3] = "Banana";
}
```

このように配列に入れることで、for文やwhile文で順番に読み出すこともできます。

```
BEGIN {
    fruits[1] = "Apple";
    fruits[2] = "Orange";
    fruits[3] = "Banana";

    for (i = 1; i <= 3; i++) {
        print i, fruits[i];
    }
}
```

角括弧の中に振られている番号をインデックスといいます。この例では、1から3までのインデックスをfor文で作り出して、配列中のデータを1つずつ全て読み出しています。このように配列に入れておくと、いろいろと便利なことがあります。

さて、この例では配列の数が「3」と決め打ちになっていましたが、配列の個数を自動的に取得する方法はないのでしょうか？　AWKで**配列の個数を取得するには`length`関数**を使います。

```
BEGIN {
    fruits[1] = "Apple";
    fruits[2] = "Orange";
```

```
    fruits[3] = "Banana";

    for (i = 1; i <= length(fruits); i++) {
        print i, fruits[i];
    }
}
```

　このlength関数は少し特殊で、引数がない場合には$0の文字数を返し、引数が変数の場合には変数の長さを返します。引数が配列である場合には、配列の個数を返します。このようにlength関数はちょっとトリッキーな関数です。一部のAWKではバグが残っていて、うまく動作しないこともあります。

　AWKにはもう1つ「連想配列」という配列があります。AWKにおいて、**「配列」とはインデックスが数字であるもの**、**「連想配列」とはインデックスが文字列であるもの**を指します。他の言語であれば、連想配列はハッシュや辞書と呼ばれますが、**AWK界隈では連想配列と呼ばれています。**

　連想配列は「○○の○○」というイメージになります。例えば、「人の身長」や「果物の値段」などが該当します。したがって、**連想配列の名前は「○○_of」のようにすると分かりやすいでしょう。**

```
BEGIN {
    price_of["Apple"]  = 100;
    price_of["Orange"] = 200;
    price_of["Banana"] = 300;
}
```

　連想配列を読み出すには、for ～ inというfor文で連想配列専用の方法を用います。

```
BEGIN {
    price_of["Apple"]  = 100;
    price_of["Orange"] = 200;
    price_of["Banana"] = 300;

    for (i in price_of) {
        print i, price_of[i];
    }
}
```

　ただし、連想配列を読み出したときの出力は、配列と異なり、**何かの順番でソートされたりしていません。**これはハッシュテーブルから順に読み出しているに過ぎないからです（他の言語では連想配列がハッシュと呼ばれていることを思い出してください）。もし、結果をソートして出力したければ、GNU AWKの拡張を用いるか、自前でソートするための関数を準備する必要があります。

　さて、この配列と連想配列ですが、AWKでは同じ連想配列です。つまり、配列の中身を連想配列としてfor ～ inで取得できます。

```
BEGIN {
    fruits[1] = "Apple";
    fruits[2] = "Orange";
    fruits[3] = "Banana";
```

```
    for (i in fruits) {
        print i, fruits[i];
    }
}
```

前述のように、length関数にバグがあって配列の個数を取得できない場合には、次のようにする必要があります。

```
BEGIN {
    fruits[1] = "Apple";
    fruits[2] = "Orange";
    fruits[3] = "Banana";

    for (i in fruits) {
        num_fruits++;
    }
    print num_fruits;
}
```

普段、他の言語を用いている方には、配列も連想配列も同じ連想配列というのは不思議に感じられるかもしれません。これは「AWKには変数の型がない」という仕様に起因するものです。したがって、配列においてはインデックスを数字で扱いましたが、文字列にしても動きます。

```
BEGIN {
    fruits["1"] = "Apple";
    fruits["2"] = "Orange";
    fruits["3"] = "Banana";

    for (i = 1; i <= length(fruits); i++) {
        print i, fruits[i];
    }
}
```

6.2 リストがない

このように全てが連想配列であるということは、順番を付けるリストというものがAWKには存在しない、ということです。とはいえ、毎回1つずつ定義するのは面倒ですよね。そこで、split()関数を用います。

```
BEGIN {
    fruit_list = "Apple Orange Banana";
    num_fruits = split(fruit_list, fruits);

    for (i = 1; i <= num_fruits; i++) {
        print i, fruits[i];
```

split()関数は第1引数の文字列を第3引数の正規表現（第3引数がない場合には組込変数FS）で分割し、第2引数の名前を持つ配列に格納します。また、戻り値は配列の数になります。このようにすることで、疑似的にリストのようなものを作ることができます。

6.3 多次元配列

AWKには多次元配列がありません。 しかし、これを補う、とても便利な機能が用意されています。以下はその例です。

```
BEGIN {
    fruits[1, 1] = "Fuji Apple";
    fruits[1, 2] = "Tsugaru Apple";
    fruits[2, 1] = "Blood Orange";
    fruits[2, 2] = "Mikan";

    for (i = 1; i <= 2; i++) {
        for (j = 1; j <= 2; j++) {
            print i, j, fruits[i, j];
        }
    }
}
```

このように疑似的な多次元配列を用いることができます。仕組みは次のように説明できます。

配列のインデックスをカンマで区切ると、インデックスの中のカンマは8進数で\034に展開されます。\034は、通常のテキストファイルには出現しないであろう文字を作者たちが選んだものです。また、スペースは連接として扱われます。つまり、この例は次のプログラムのように解釈されていることになります。

```
BEGIN {
    fruits[1 "\034" 1] = "Fuji Apple";
    fruits[1 "\034" 2] = "Tsugaru Apple";
    fruits[2 "\034" 1] = "Blood Orange";
    fruits[2 "\034" 2] = "Mikan";

    for (i = 1; i <= 2; i++) {
        for (j = 1; j <= 2; j++) {
            print i, j, fruits[i "\034" j];
        }
    }
}
```

このようなトリックを使うことで、AWKでも疑似的に多次元配列を用いることが可能になって

第 6 章　AWK のトリッキーな配列＆連想配列の仕組み・動作と目からウロコのテクニック

ます。

　なお、GNU AWK では本当の多次元配列を扱うことができるようになったため、このようなトリックを用いる必要はありません。詳細は第 9 章で説明しています。

6.4 配列が空かどうか？

　AWK で、あるインデックスを持つ配列が空なのかどうかを検査する場合、どうすると思いますか？　次の例のようにすると、検査した配列（price_of["Kiwi"]）が自動的に生成されてしまいます。さらに、AWK には変数をダンプする機能がないので（GNU AWK にはあります）、実際に生成されたかどうかは分かりにくいかもしれません。

```
BEGIN {
    price_of["Apple"]  = 100;
    price_of["Orange"] = 200;
    price_of["Banana"] = 300;

    if (price_of["Kiwi"] == "") {
        print "Kiwi is not found.";
    }
}
```

配列の検査を行う際、次のようにすると、検査した配列を作成せずに済みます。

```
BEGIN {
    price_of["Apple"]  = 100;
    price_of["Orange"] = 200;
    price_of["Banana"] = 300;

    if ("Kiwi" in price_of) {
        print "Kiwi is not found.";
    }
}
```

　in の特殊な使い方ですが、連想配列としての色合いが濃い使用方法といえます。

6.5 「シェル芸」で配列

　「シェル芸」で配列を用いるケースは大変限られています。最も頻繁に使われるのは重複行を 1 つにするものです（次の例は zsh の場合。bash では echo に -e オプションを指定）。

```
$ echo "aaa\nbbb\naaa" | awk '!a[$0]++'
aaa
bbb
```

　連想配列 a のインデックスに $0（行）を入れて加算しています。それを否定しているわけですから、連想配列 a[$0] が加算されない最初のものだけを表示します。その結果として重複行が1つになるわけです。

　なお、これを普通の「シェル芸」で行う場合には、sort コマンドと uniq コマンドを用いて次のように記述します。

```
$ echo "aaa\nbbb\naaa" | sort | uniq
aaa
bbb
```

　ただし、この例では sort コマンドをパイプの間に挟んでいるため、sort コマンドが終了するまで次の uniq には結果が渡されません。AWK の連想配列を用いれば、結果を待つことなく逐次出力されるため、より高速に処理することができます。

　今の例とは逆に、重複している行だけを表示するには、次のように入力します。

```
$ echo "aaa\nbbb\naaa" | awk 'a[$0]++ == 1'
aaa
```

　からくりは同じで、連想配列 a[$0] を加算して1の場合、つまり「重複が現れたとき」にだけ表示するという仕組みです。

　これを「シェル芸」で行うには、uniq コマンドの -d（Duplicate）オプションを用います。

```
$ echo "aaa\nbbb\naaa" | sort | uniq -d
aaa
```

　こちらも処理行数が多い場合には、AWK で対応するほうがより高速でしょう。

6.6　本章のまとめ

　AWK の配列は厳密に言えば連想配列であることがお分かりいただけたと思います。
　配列と連想配列が実際に異なっていた場合のメリットとしてはプログラムが高速に動作することが挙げられますが、プログラムを作る側としては配列と連想配列を意識しないほうが早く楽にプログラムできるのではないでしょうか。
　「型がない」「配列と連想配列が同じ」といったことは、面倒なことを意識させないという AWK の思想の1つになっています。

.

第 7 章

正規表現がもっと使える！
直感的にも使いやすくなった
最新GNU AWKの拡張機能を知る

本章からは、GNU AWK の拡張について説明していきます。AWK は
便利なツールですが、今まではある程度複雑なことを行おうとすると
Perl や Ruby など他のスクリプト言語に頼っていた方も多かったと思
います。GNU 拡張により AWK は大幅に拡張され、様々な用途で利
用されることが期待されています。GNU AWK で便利になった点を中
心に解説していきます。

第7章　正規表現がもっと使える！ 直感的にも使いやすくなった最新GNU AWKの拡張機能を知る

7.1 最新版のGNU AWKを入手

　GNU AWKのコードは現在GNU Savannahのgitリポジトリにあります。したがって、gitコマンドを用いて最新版を入手することができます。

```
$ git clone 'git://git.savannah.gnu.org/gawk.git'
```

　このコマンドを実行すると、カレントディレクトリにgawkという名前のディレクトリが作成され、その中にGNU AWKのmasterコードがダウンロードされます。
　これをビルドするには以下のようにします。

```
$ cd gawk
$ ./configure && make
```

　&&は前のコマンドの戻り値が0、つまりコマンドが成功すれば次のコマンドを実行するという意味です。
　インストールするにはrootユーザーになり、以下のコマンドを実行します。

```
# make install
```

　インストール先はconfigureスクリプト実行時やmakeコマンド実行時に指定できますが、デフォルトでは/usr/local/binになります。これで最新のGNU AWKがインストールされます。これから最新のGNU AWKについての解説をしていきますが、ディストリビューションごとに用意されているGNU AWKと異なる場合がありますので、ご注意ください。

7.2 正規表現の拡張

　最初に紹介するのは正規表現の拡張です。従来のAWKでは、例えば「アルファベットまたは数字の連続する5個の文字列にマッチさせる」のは大変でした。

```
[a-zA-Z0-9][a-zA-Z0-9][a-zA-Z0-9][a-zA-Z0-9][a-zA-Z0-9]
```

　もちろん、これはこれで分かりやすいのですが、数がもっと多くなると読みづらくなります（もっとも、正規表現はそもそも読みやすいものではありませんが）。GNU AWKでは連続する個数を指定することができます。

58

```
[a-zA-Z0-9]{5}
```

スッキリしましたね。ずいぶん前のGNU AWKでも起動時のオプション（--re-interval）でこのような表現を使うことは可能でしたが、最新のGNU AWKではデフォルトで使えるようになりました。標準実装されるまでに時間がかかったのはメンテナーの慎重さの表れだと思います。

また、この [a-zA-Z0-9] のような集合を表す正規表現も拡張されています。このようにアルファベットと数字を表す正規表現の集合は以下のようになります。

```
[[:alnum:]]
```

角括弧が二重になっている点に注意してください。manページの正規表現では [:alnum:] となっていますが、manページに記述されている部分は中身のa-zA-Z0-9だけであり、実際に正規表現として用いる場合には、上記のように角括弧を二重に記述します。メーリングリストに投げられる質問でも時々見かけます。

GNU AWKではさらに誤解を招くような正規表現に少し手を入れています。

```
$ echo "abc" | LC_ALL=en_US gawk '/[A-Z]/'
abc
```

"abc"が大文字というのは変ですよね。これは使用環境の言語設定によっては [A-Z] が大文字だけの集合を表現しないために起こりうるもので、grepやsedコマンドでも同様の問題があります。これに対し、**GNU AWKでは [a-z] は小文字だけの集合、[A-Z] は大文字だけの集合を示すように工夫してあります**。GNU AWKのメンテナーである Arnold Robbins も「これで面倒な質問に答える必要がなくなった」というようなニュアンスで紹介していました。GNU全体の中でもgrepコマンドやsedコマンドもどうしていくかが話題となっており、今後のAWKの動向が注目されています。

なお、この例の場合には、先ほど紹介した正規表現集合 [:upper:] で回避することもできます。

```
$ echo "abc" | LC_ALL=en_US gawk '/[[:upper:]]/'
（何も出力されない）
```

GNU AWKで拡張された正規表現は多いため、とてもここで紹介しきれません。manページやinfoコマンドで調べてみてください。

7.3 組込変数RSの正規表現対応、組込変数RTの追加

組込変数RSは、通常のAWKでは文字列しか指定することができませんでした。そのため、正規表現でレコードを分割したくてもできませんでしたが、**GNU拡張により組込変数RSに正規表現を**

用いることが可能になっています。

　実際に組込変数RSに正規表現を用いると便利な場合には、どのようなものがあるでしょうか？それは、HTMLやXMLのような構造化されたテキストファイルです。これらのテキストファイルは改行ではなく、タグにより区切られます。

　例えば、Webページのタイトルを抽出する一行野郎は、以下のようにして簡単に記述できます。

```
$ curl -s 'http://gauc.no-ip.org/awk-users-jp/' | gawk -v RS='</?title[ ]?[^>]*>\r?\n?' 'NR==2'
AWK Users JP :: 日本の AWK ユーザのためのハブサイト
```

　さて、正規表現で分割すると、実際に用いられた区切りは何だったかを知りたくなります。GNU AWKにはこの解として、組込変数RTがあります。**組込変数RT**には、**組込変数RSで区切られた際の実際の区切り（レコードセパレータ）、つまり組込変数RSにマッチした文字列が格納されます**。

```
$ curl -s 'http://gauc.no-ip.org/awk-users-jp/' | gawk -v RS='</?title[ ]?[^>]*>\r?\n?' '{print RT}'
<title>
</title>
```

　つまり、先ほどのWebページのタイトルを抜き出す一行野郎で使われた区切りは、"<title>"と"</title>"であったことが分かります。

　また、ここでは詳細を説明しませんが、組込変数RSに"\0"を使うと、ファイル全体を1つのレコードとして扱うことができます。これも構造化されたテキストを扱う際の布石の1つでしょう。また、組込変数RS、RTを使えば、WebページのCGIでPOSTされた内容も扱えます。

7.4　length関数の扱い

　何年も前の話ですが、GNU AWKを広めたものに「jgawk」（Japanized GNU AWK）というものがあります。当時、GNU AWKのlength関数はバイト数を返していました。そこで、jgawkではjlength()関数という文字数を返す関数を導入することで日本語に対応していました。

　同様な対応がGNU AWKのlength関数でも行われ、GNU AWKのlength関数はバイト数ではなく文字数を返すように変更されています。

```
$ echo "あいう" | gawk '{print length($0)}'
3
```

　これは非常に便利なのですが、AWKの得意とすると言われている文書整形で日本語の折り返しを行うには、文字数と文字幅が必要になります。残念ながら、これを解決できる手法をGNU AWKは持ち合わせていません。また、多くのLinuxでは文字コードの標準をUTF-8としたため、表示する文字幅はAWKのような処理系だけではなく、表示する端末側にも依存することになりました。

そのため、最適な落としどころが見つかっていません。

　もちろん、この文字単位の扱いはlength関数だけでなく、他の全ての関数にも当てはまります。substr()関数の例を以下に示します。

```
$ echo "あいう" | gawk '{print substr($0, 2, 1)}'
い
```

7.5　3引数版match()関数

　GNU AWKでは互換性を保つために、引数を増やすことで拡張した関数があります。その例がmatch()関数です。**グルーピングされた正規表現にマッチするものを取り出したい場合に、match()関数の第3引数に多次元配列名を指定します**。もちろん、第3引数を用いない場合には、今までどおりのmatch()関数と同じ挙動を示します。

　ここで文字列universal shell programmingの頭文字を抜き出す例を挙げておきます。

```
BEGIN {
    str = "universal shell programming";
    match(str, /([^ ]).+[ ]([^ ]).+[ ]([^ ]).+/, parts);
    for (i = 1; i <= 3; i++) {
        printf("%s", toupper(substr(str, parts[i, "start"], parts[i, "length"])));
    }
    print "";
}
```

match.awkというファイル名で保存し実行すると、以下のようになります。

```
$ gawk -f match.awk
USP
```

　match()関数の第2引数の正規表現に注目してください。ここで丸括弧で括りグルーピングしているものを、それぞれ第3引数である多次元配列partsに格納しています。i番目の開始位置がparts[i, "start"]に格納され、長さがparts[i, "length"]に格納されます。

7.6　連想配列のソート

　GNU AWKでは組込配列PROCINFOに対して設定を行うことで、他に影響を及ぼさずに拡張するという案が取られています。これにより余分な組込変数を増やすことなく拡張を実現しています。

第 7 章　正規表現がもっと使える！直感的にも使いやすくなった最新 GNU AWK の拡張機能を知る

　第6章で、連想配列の読み出しに for ～ in を用いた場合、単にハッシュテーブルの読み出しになるため、結果の順序を固定できないという話をしました。**インデックスを文字列としてソートして読み出すには、組込配列 PROCINFO を使って以下のようにします。**

```
BEGIN {
    price_of["Apple"]  = 100;
    price_of["Orange"] = 200;
    price_of["Banana"] = 300;

    PROCINFO["sorted_in"] = "@ind_str_asc";

    for (i in price_of) {
        print i, price_of[i];
    }
}
```

　この組込配列 PROCINFO["sorted_in"] に設定する値は、先頭の @ を除き3つのパートに分かれます。1つめ（左）のパートはソート対象がインデックス（ind）なのか値（val）なのか、2つめ（中）のパートはソートの基準が文字列（str）なのか数値（num）なのか、3つめ（右）のパートは昇順（asc）なのか降順（desc）なのかです。

　したがって、値を数値として降順にソートする場合には以下のように記述します。

```
BEGIN {
    price_of["Apple"]  = 100;
    price_of["Orange"] = 200;
    price_of["Banana"] = 300;

    PROCINFO["sorted_in"] = "@val_num_desc";

    for (i in price_of) {
        print i, price_of[i];
    }
}
```

　このプログラムを test.awk として保存して実行すると、以下のような結果になります。指定どおり price_of が降順で出力されていることが分かります。

```
$ gawk -f test.awk
Banana 300
Orange 200
Apple 100
```

　なお、組込配列 PROCINFO["sorted_in"] が導入される以前、「配列から値を取り出してソートし、それを値とする新しい配列を生成する」という asort() 関数が導入されました。また、値ではなくインデックスを取り出して同様の処理を行う asorti() 関数も併せて導入されました。以下は、asorti() 関数の例です。

```
BEGIN {
    price_of["Apple"]  = 100;
    price_of["Orange"] = 200;
    price_of["Banana"] = 300;

    asorti(price_of);

    for (i in price_of) {
        print i, price_of[i];
    }
}
```

　実行例を以下に示します。なお、asorti関数は（asort関数も）、生成された配列を第2引数に代入します。第2引数を指定しないと、元の配列に代入します。そのため、この実行結果では、元の連想配列price_ofが上書きされています。

```
$ gawk -f test.awk
1 Apple
2 Banana
3 Orange
```

　asort()関数にしてもasorti()関数にしても、元の配列の値ないしインデックスを値とする通常の配列として結果が格納されるため、配列のソートという用途には扱いやすいものではありません。組込配列PROCINFO["sorted_in"]の導入により、配列のソートはずいぶん簡単になったと思います。

7.7 本章のまとめ

　GNU AWKの拡張に一言でいえば「人の直感」に近い拡張です。また、システムの根幹で昔から動作しているAWKプログラムが多くあるため、互換性にも注意を払って開発されています。match()関数が引数の追加で拡張したことや、組込配列PROCINFOを導入したことはその一例です。そのほか、"a-z"や"A-Z"のような文字集合を示す正規表現の拡張が、他のGNUのツールにどのような影響を与えるのかも注目です。

第 **8** 章

これは強力！ AWKとパイプの新しい関係 〜 時刻を取得する関数、双方向パイプ、Socket通信

従来の AWK では、他のコマンドが出力できるデータはパイプ処理を使ってそこから取り込もうという発想でした。しかし、本格的なプログラムを書く場合には、AWK そのもので処理できるとプログラムの記述が統一され分かりやすくなります。そうした中で最初に拡張されたのは、時刻の取得に関する関数群でした。ここでは時刻を取得する関数をはじめ、置換や、双方向パイプ、Socket 通信まで盛りだくさんの内容で GNU 拡張された関数を解説していきます。

第 8 章　これは強力！ AWK とパイプの新しい関係 〜 時刻を取得する関数、双方向パイプ、Socket 通信

8.1 時刻・時間を取得する

　GNU AWK（以下、gawk）は数多くのGNU拡張がなされており、その拡張の中で最初に導入されたのが時刻・時間に関する関数群です。GNU拡張がなされるまで、Unix時間（1970年1月1日00:00からの経過秒数）を取得するには、srand()関数で裏ワザ的に取得するか、dateコマンドからパイプで受け取るしかありませんでした。

```
$ awk 'BEGIN {print srand() + srand()}'
1410325425
$ awk 'BEGIN {"date +%s" | getline; print $0}'
1410325425
```

　最初のものは、srand()関数で裏ワザ的に取得する方法です。第5章でも説明したように、srand()関数は1970年1月1日からの経過秒数を乱数の種にします。このことを利用して、1つめのsrand()関数で種を初期化し、2つめのsrand()関数でUnix時間を得ています。ただし、srand()関数が必ずUnix時間を返すとは限らず、gawkがコンパイルされた環境にも依存するという問題があります。

　また、2番目はdateコマンドからパイプで受け取る方法です。getlineを長いAWKプログラムで使う場合には、"date +%s"をclose()関数でクローズする必要がありますが、このプログラムは短く、またAWKが終了するタイミングでクローズするため、あえて明示的にクローズしていません。

　ここで導入されたのがsystime()関数です。これにより、Unix時間を簡単に取得することができるようになりました。

```
$ gawk 'BEGIN {print systime()}'
1410325425
```

　しかし、Unix時間が分かっても、人が理解できる時刻に変換できないと使い勝手が良くありません。このために導入されたのがstrftime()関数です。strftime()関数はフォーマットとUnix時間を引数として変換を行います。

```
$ gawk 'BEGIN {print strftime("%Y/%m/%d %H:%M:%S",1410325425)}'
2014/09/10 14:03:45
```

　つまり、先ほどのsystime()関数と組み合わせれば、現在の時刻を人が理解できる形式で取得できます。

```
$ gawk 'BEGIN {print strftime("%Y/%m/%d %H:%M:%S",systime())}'
2014/09/10 14:03:45
```

もちろん逆算、つまり、人が理解できる時刻からUnix時間に変換することも求められます。しかし、AWKの関数を駆使すれば求められるため、人が理解できる時刻からUnix時間への変換は導入が遅れていました。現在はmktime()関数として導入されています。

```
$ gawk 'BEGIN {print mktime("2014 09 10 14 03 45")}'
1410325425
```

mktime()関数の引数は"YYYY MM DD HH MM SS"という形式の文字列で与えます。

他の言語と仕様が異なる点としては、例えば、秒に59以上の値を入れても認識してくれることが挙げられます。

```
$ gawk 'BEGIN {print mktime("2014 09 10 14 03 90")}'
1410325470
```

8.2 置換の拡張

次に拡張されたのが置換に関するものです。

置換を行う関数にはsub()関数とgsub()関数がありますが、共に戻り値が置換した個数であることや、もともとの文字列を破壊的に置換することに対して、不便を感じていた人もいると思います。

加えて、従来のAWKでは置換に後方参照が使えず、他の言語と比較しても便利なものとはいえませんでした。

特に、与えられた文字列を破壊せずに置換するには、次のようにいったん一時変数に代入する工夫が必要でした。

```
$ echo "sumomomomomomomomomonouti" | awk '{tmp=$0;gsub(/m/, "M", tmp);print tmp; print $0}'
suMoMoMoMoMoMoMoMonouti
sumomomomomomomomomonouti
```

そこで拡張された関数がgensub()関数です。

gensub()関数は置換対象文字列を直接置換するのではなく、置換された文字列を返します。また、後方参照による置換も可能にしています。

```
$ echo "sumomomomomomomomomonouti" | gawk '{print gensub(/m/, "M", "g", $0); print $0}'
suMoMoMoMoMoMoMoMonouti
sumomomomomomomomomonouti
```

gensub()関数は4つの引数を取ります。最初の2つはsub()関数やgsub()関数と同じですが、3番目の引数は1であれば最初に出現した対象となる正規表現の置換を行い、gであれば全ての対象

となる正規表現の置換を行います。最後の引数は対象文字列を示しています。

　なお、後方参照とは、正規表現による検索文字列のうち、丸括弧で括りグループとした部分にマッチした文字列を、置換文字列の中で\1、\2のようにして参照できる機能です。sedコマンドをはじめ他の言語でも似たような記述で後方参照ができます。参考のためにsedコマンドでの例も挙げておきます。

```
$ echo "sumomomomomomomomomonouti" | gawk '{print gensub(/(mo)(no)/, "\\1\"\\2\"", "g", $0)}'
sumomomomomomomomo"no"uti

$ echo "sumomomomomomomomomonouti" | sed 's/\(mo\)\(no\)/\1"\2"/g'
sumomomomomomomomo"no"uti
```

　グループにマッチした文字列を後方参照するには、"\\"（バックスラッシュ2文字）に数字を添えます。特にgensub()関数は「シェル芸」でも時々使われる関数の1つなので、覚えておくとよいでしょう。

8.3 双方向パイプ

　従来のAWKにはないパイプとして、GNU AWKには**双方向パイプ**というものがあります。これを使うと様々なことができます。

　双方向パイプは、シェルの世界でいえば「名前付きパイプ」に近い処理です。|&という見慣れない記号を使い、リダイレクト先を記述します。実行時には、リダイレクト先の処理が完了するのを待ち、リダイレクト先の処理が完了するとAWKプログラムの実行が再開されます。リダイレクト先の処理結果を取り込むには、双方向パイプ|&を再び使ってgetlineで読み込みます。つまり、一度パイプ先のサービスやコマンドに処理を渡しておいて、その処理が終わった後で必要になったら取り出すという仕組みになっています。

　以下は、双方向パイプを使ってsortコマンドによりフィールドをソートし、その結果を再び双方向パイプで受け取って出力する、という例です。

```
BEGIN {
  cmd = "sort";
}

{
  for(i = 1; i <= NF; i++){
    print $i |& cmd;
  }
  close(cmd, "to");

  str = "";
  while(cmd |& getline > 0){
    str = str " " $0;
```

```
    }
    close(cmd);
    sub(/^[ ]/, "", str);

    print str;
}
```

　この例では2箇所で双方向パイプを使っています。注意したいのはその後ろにあるclose()関数[注1]です。close()関数は双方向パイプを明示的にクローズします。この例のように、双方向パイプを使ったら、リダイレクト先をclose()関数で必ずクローズする癖にしましょう。

　また、close()関数は、第2引数にtoとfromを指定できます。この例の1つ目のclose()関数ではtoを指定していますが、これはsortコマンドの入力の終端である「ファイルの終わり」を明示しています。toを付けないと、双方向パイプ先のsortコマンドはずっと入力を待ち続けてしまい、処理が終わりません。

　なお、指定するのがtoであるのは、クローズする対象がsortコマンドから見たときの入力、つまりAWKから見たときの出力を行う双方向パイプだからです。

　変数cmd、つまりsortコマンドの結果はwhile文の中で、双方向パイプとgetlineを使って読み出しています。ここでも、読み出した後にはclose()関数で双方向パイプをクローズしています。

　このプログラムをline_sort.awkとして保存し、実行してみましょう。

```
$ seq 1 10 | xargs | rev | gawk -f line_sort.awk
01 1 2 3 4 5 6 7 8 9
```

　上のコマンドでは、ちょっとした「シェル芸」で書いています。

　seqコマンドにより1から10までを出力します。seqコマンドがインストールされていない場合にはjotコマンドで代用できるようです。

　xargsコマンドは本来コマンドへ渡す引数を生成するコマンドですが、単独で用いることで列を行に変換することができます。「シェル芸」では本来の意味と異なる目的で使われるコマンドNo.1です。

　revコマンドは文字列を逆順にするコマンドです。revコマンドは便利なのですが、インストールされていない場合もありますので注意してください。

　このようにして得られた文字列を行単位でソートしていきます。

　revコマンドで10という数字が01に置き換わってしまっているため結果が不自然ですが、正しい結果を返しています。

　以下のように個々にパイプ単位で実行していくと、その流れが分かるでしょう。このように確認するのは「シェル芸」を行う際の基本です。

```
$ seq 1 10 | xargs
1 2 3 4 5 6 7 8 9 10

$ seq 1 10 | xargs | rev
01 9 8 7 6 5 4 3 2 1
```

注1)　GNU AWK では close() は関数ですが、nawk では文になっています。

第 8 章　これは強力！ AWK とパイプの新しい関係 〜 時刻を取得する関数、双方向パイプ、Socket 通信

```
$ seq 1 10 | xargs | rev | gawk -f line_sort.awk
01 1 2 3 4 5 6 7 8 9
```

8.4　Socket 通信

　従来の AWK で扱えるのは、基本的にシステムにマウントされているファイルシステム上のファイルだけでした。GNU 拡張である双方向パイプを使うと Socket 通信が可能になり、インターネット上のファイルも扱えます。

　ただし、記述は簡単ではありません。そのため、「シェル芸」の中でお目にかかったことはありませんし、「シェル芸」であれば、curl コマンドや wget コマンドを使うほうが楽かもしれません。

　例えば、筆者が運営する「AWK Users JP」のトップページをダウンロードするプログラムは次のようになります。

```
BEGIN {
  ORS = "\r\n";

  base_url = "gauc.no-ip.org";
  port = 80;
  service = "/inet/tcp/0/" base_url "/" port;

  request = "GET /awk-users-jp/ HTTP/1.0";

  print request    |& service;
  print ""         |& service;

  while ((service |& getline) > 0) {
    print $0;
  }
  close(service);
}
```

1. HTTP の改行文字は "\r\n" ですので、組込変数 ORS を変更します。
2. 変数 base_url に取得する URL のドメイン、変数 port に HTTP のポートである 80 を代入します。
3. 変数 service に /inet/tcp/<PORT1>/<PROXY>/<PORT2> という形で通信先を代入します。<PORT1> には Listen するポートを指定します（クライアントの場合には 0）。<PROXY> には、Proxy があれば Proxy のドメインを指定しますが、Proxy を介さない場合には取得先のドメインを指定します。<PORT2> には相手のポートを指定します。とても変な記法ですが、bash の Socket 通信（bash の Socket 通信は Listen できません）にも似ています。
4. 変数 request に HTTP でのリクエスト文を代入します。
5. 双方向パイプ |& を用いて、リクエストを変数 service に渡します。
6. リクエストの終端を示す改行文字（\r\n）を変数 service に渡します。これにより、双方向パ

イプの明示的なクローズ（close(service, "to")）が不要になっています。
7. while文を用いてサービスから双方向パイプに代入される文字列を表示します。
8. 最後に変数serviceをクローズします。

　いかがでしょう。gawkで記述することが面倒だとよく分かると思います。さらに、Socketそのものを扱うので、HTTPなどの通信知識も必要になります。
　ファイル名をget.awkとして保存し、実行すると、「AWK Users JP」のページのHTMLが表示されたと思います。

```
$ gawk -f get.awk
(「AWK Users JP」のHTMLが表示される)
```

　Socket通信が使えるということは、gawkならWebサーバーも構築できるということです。しかし、一般的なHTMLにはHTMLだけでなくCSS、JavaScript、画像などのファイルも同時にリクエストされますが、今まで説明した範囲ではHTMLしかレスポンスとして返さないので、実用的なWebサーバーを構築することはできません。
　実は、この問題はfork()を使うことで解決できます。fork()については第10章で説明します。

8.5　本章のまとめ

　双方向パイプとSocket通信というGNU拡張を取り上げたため、説明内容が複雑になってしまいましたが、gawkを120%使うには必要な知識です。活用していけるといいですね。

第 **9** 章

GNU AWKでCSVファイルを
楽々扱う組込変数FPATと、
関数のインダイレクト呼び出し

AWK はレコードセパレータ（RS）に従いレコードを分割し、フィール
ドセパレータ（FS）に従いフィールドに分割する言語ですが、この手
法では CSV ファイルでフィールド内にカンマを含むような場合に処
理を行うことが困難でした。そこで GNU AWK では新たに組込変数
FPAT（フィールドパターン）というものを導入することで簡単に扱える
ようになりました。ここではこの組込変数 FPAT を中心に解説してい
きます。

第 9 章　GNU AWK で CSV ファイルを楽々扱う組込変数 FPAT と、関数のインダイレクト呼び出し

9.1 組込変数FPATの導入

　通常、AWK のフィールド分割は組込変数 FS により分割を行います。この思想はとても便利で、一般的なファイルを処理するのには十分でした。ところが次に示すとおり、CSV ファイルをうまく扱えません。

```
$ echo 'aaa,"bbb,ccc",ddd' | awk -F, '{print $2}'
"bbb
```

　CSV ファイルには「フィールド内にカンマを含む場合にはフィールドをダブルクォートで括る」というルールがありますので、第2フィールドは bbb,ccc になるはずですが、うまく取得できていません。こうした CSV ファイルも簡単に扱えるようにする仕組みとして導入されたのが、組込変数 FPAT（フィールドパターン）です。
　組込変数 FPAT を用いると、フィールド内にカンマが含まれている場合でも、次のようにきれいに扱うことができます。

```
$ echo 'aaa,"bbb,ccc",ddd' | gawk -v FPAT='([^,]+)|(\"[^\"]+\")' '{print $2}'
"bbb,ccc"
```

　組込変数 FPAT に記述するのは、フィールドの区切りのパターンではなく、フィールドそのもの（内容）のパターンです。上記の例では ([^,]+)|(\"[^\"]+\") という正規表現を FPAT に代入しています。この正規表現の意味は「カンマ , を含まない、またはダブルクォート " で囲まれていて、その中にダブルクォートを含まない文字列」です。ちょっと複雑ですが、これにより CSV ファイルを扱えるようになります。
　しかし、このパターンでは、CSV ファイルの規格にある「ダブルクォートで括られた中に改行を含めることが可能」というルールに対応することはできません。

```
$ echo -e "aaa,\"bbb\nccc\",ddd" | gawk -v FPAT='([^,]+)|(\"[^\"]+\")' '{print $2}'
"bbb
ddd
```

　このような中途半端な状態なのに、CSV ファイルを扱えると明言するのはおかしいのではないかという意見もありますが、gawk の開発は「完全を目指すのではなく9割をサクサクこなし、フィールドに改行を含むような CSV ファイルは専用のツールで処理すればよい」という思想で進められました。特にメーリングリストなどへ質問が多く投稿されたものから機能追加していく傾向にあり、日々便利さを増しています。
　同様なものとして、Apache などのログファイルがあります。User-Agent 名は一般的にダブルクォートで括られますので、同じようにして取り出すことができます。次に示すのは、Apache のログが /var/log/httpd/access_log にあり、ログの最後の項目が "User-Agent" の場合です。

```
$ sudo tail -f /var/log/httpd/access_log | gawk -v FPAT='([^ ]+)|(\"[^\"]+\")' '{print $NF}
"Mozilla/4.0 (compatible; MSIE 6.0; Windows NT 5.1; SV1)"
"Mozilla/5.0 (compatible; MSIE 9.0; Windows NT 6.1; Trident/5.0)"'
```

また、この組込変数FPATを使ったpatsplit()関数も追加されました。patsplit()関数は分割する文字列のパターンを指定して文字列を分割する関数です。AWK標準のsplit()関数は分割する区切り（セパレータ）のパターンを指定するのに対し、patsplit()関数は分割した文字列のパターンを分割します。

```
$ echo 'aaa,"bbb,ccc",ddd' | gawk '{patsplit($0,arr,"([^,]+)|(\"[^\"]+\")"); print arr[2]}'
"bbb,ccc"
```

これにより、従来のAWKで扱いづらかったデータにも対応できるようになります。

9.2 多次元配列

第6章で説明したように、従来のAWKも疑似的に多次元配列を持つことができました。カンマが8進数表記で\034の文字列となり、配列のインデックスが連接として扱われるのでしたね。

```
$ awk 'BEGIN {arr[1, 2] = "aaa"; print arr[1, 2]}'
aaa

$ awk 'BEGIN {arr[1, 2] = "aaa"; print arr[1"\034"2]}'
aaa
```

こうした疑似的な多次元配列でも十分便利でしたが、gawkでは正式な多次元配列（実際には連想配列なので、正しくは多次元連想配列）が導入されました。

```
$ gawk 'BEGIN {arr[1][2] = "aaa"; print arr[1][2]}'
aaa
```

ただし、この多次元配列は従来の疑似多次元配列とは異なります。

```
$ gawk 'BEGIN {arr[1][2] = "aaa"; print arr[1, 2]}'
    ← （改行だけが表示される）
```

多次元配列を走査するにはfor文を用います。次のプログラムはその例です。isarray1.awkとして保存します。

```
BEGIN {
    arr[1][1] = 300;
```

```
    arr[2]["Apple"] = 500;
    arr[3][1, 2] = 700;

    for (i in arr) {
        for (j in arr[i]) {
            print i, j, arr[i][j];
        }
    }
}
```

実行してみます。

```
$ gawk -f isarray1.awk
1 1 300
2 Apple 500
3 12 700
```

また、配列arrが何次元配列かを返す関数としてisarray()関数が追加されました。isarray()関数を用いると、先のプログラムは次のように書けます。実行結果は同じになります。

```
BEGIN {
    arr[1][1] = 300;
    arr[2]["Apple"] = 500;
    arr[3][1, 2] = 700;

    for (i in arr) {
        if (isarray(arr[i])) {
            for (j in arr[i]) {
                print i, j, arr[i][j];
            }
        }
    }
}
```

この多次元配列は便利なのですが、次のような場合に気をつける必要があります。

```
$ gawk 'BEGIN {split("a b c", arr[1]); print arr[1][1]}'
gawk: cmd. line:1: fatal: split: second argument is not an array
```

エラーになりましたが、こういう場合には最初にarr[1][1]を空として生成しておく必要があります。

```
$ gawk 'BEGIN {arr[1][1] = "";split("a b c", arr[1]); print arr[1][1]}'
a
```

今までのAWKに慣れてきた人には使いにくいかもしれませんが、行列計算や集計を行う際には便利でしょう。

9.3 BEGINFILE と ENDFILE

gawkでは、従来のAWKのBEGIN部とEND部に加えて、BEGINFILE部とENDFILE部が追加されました。ここではBEGIN部とBEGINFILE部の違いについて説明しておきます。

さて、BEGIN部とBEGINFILE部は何が違うのでしょうか。BEGIN部もBEGINFILE部も入力ファイルを読み込む前に実行される点では同じですが、BEGINFILE部ではファイルがオープンされています。つまり、ファイルの有無のチェックをBEGINFILE部で行うことができます。

具体例で示しましょう。次のプログラムをbeginfile.awkとして保存します。

```
BEGINFILE {
    if (ERRNO) {
        print "File not exist.";
    }
    exit;
}
```

このプログラムを、実際に存在しないファイルを指定して実行します。ここでは引数のfile_not_existというファイルは存在しないものとします。

```
$ gawk -f beginfile.awk file_not_exist
File not exist.
```

従来は入力ファイルが存在しないということで、gawk自体がエラーを出してプログラムの実行が停止していました。しかし、この例のようにBEGINFILE部を記述することにより、プログラム内でファイルの有無を判定できるようになります。

もちろん、これまでも次のように記述することでファイルの有無を確認できましたが、やはりスマートさに欠けているといえるでしょう。

```
BEGIN {
    if (getline < ARGV[1] <= 0) {
        print "File not exist.";
    }
    close(ARGV[1]);
}
```

このgetlineの用法は特殊であり、その後には必ずclose()関数でクローズする必要がありますが、BEGINFILE部の導入で楽になりました。

第 9 章　GNU AWK で CSV ファイルを楽々扱う組込変数 FPAT と、関数のインダイレクト呼び出し

9.4 Indirect Function Call

　Indirect Function Callとは聞きなれない言葉なので、あえて英語表記のままにしますが、@変数名()という記述で、変数の値を関数名と解釈し、その関数を呼び出す仕組みです。使いどころが難しいため、良い例ではないのですが、以下にIndirect Function Callの使用例を示します。「gu -> choki」というように、じゃんけんの手とそれに勝つ手を表示するもので、変数varの値を関数名として解釈し呼び出しています。

```
BEGIN {
    for (i = 1; i < 10; i++) {
        if (i % 3 == 0) {
            var = "gu";
            printf("%s -> ", var);
            @var();
        }

        if (i % 3 == 1) {
            var = "choki";
            printf("%s -> ", var);
            @var();
        }

        if (i % 3 == 2) {
            var = "pa";
            printf("%s -> ", var);
            @var();
        }
    }
}

function gu() {
    print "pa";
}

function choki() {
    print "gu";
}

function pa() {
    print "choki";
}
```

　このプログラムをindirect1.awkとして保存し、実行してみましょう。

```
$ gawk -f indirect1.awk
choki -> gu
pa -> choki
gu -> pa
choki -> gu
pa -> choki
```

```
gu -> pa
choki -> gu
pa -> choki
gu -> pa
```

　ご覧のとおり、変数varの値がguであるときにはgu関数、chokiであるときにはchoki関数、paであるときにはpa関数が呼び出されています。

　もう1つ例を挙げましょう。以下のように、行の最後にsumまたはavgという文字列が記述されたテキストがあり、その文字列が出現したタイミングで集計（合計または平均）を行いたいとします。

```
$ echo -e "1 2 sum\n3 4 avg"
1 2 sum
3 4 avg
```

　そのために、以下のプログラムをindirect2.awkとして保存します。

```
{
    var = $NF;
    print @var($1, $2);
}

function sum(n1, n2) {
    return n1 + n2;
}

function avg(n1, n2) {
    return (n1 + n2) / 2;
}
```

　先ほどのテキストを標準入力で読み込ませる形で、実行してみましょう。

```
$ echo -e "1 2 sum\n3 4 avg" | gawk -f indirect2.awk
3
3.5
```

　行末の文字列に応じた関数を呼び出すことができます。しかし、「普通に一行野郎で書ける」という声が聞こえてきそうです。

```
$ echo -e "1 2 sum\n3 4 avg" | awk '{print ($NF == "sum") ? $1+$2 : ($1+$2)/2}'
3
3.5
```

　上記の一行野郎は、行末がsumだったら合計して、それ以外なら平均するという条件演算子で記述した例です。このようにgawkのパッケージに含まれるinfoファイルにはQuick Sortなどいくつかの例が掲載されていますが、使いどころは難しいようです。

9.5 本章のまとめ

　素早くデータを扱うための仕組みとして、フィールド分割や疑似的な多次元配列の考え方は多くの人々に受け入られました。

　一方で、時代が進み、扱うデータの種類が増えるに従って、今までのAWKでは不十分な部分が露呈してきました。

　不便を感じたAWKユーザーは他の言語に移るのではなく、AWKの基本的な考え方を拡張することでAWKを便利なものにしていこうと活動を続けています。その結果がGNU拡張になっています。

第 **10** 章

GNU AWKはまだまだ成長中！
ユーザーの声をもとに作成された
拡張機能を組み込んでみよう

GNU AWK は標準で GNU MPFR（Multiple Precision Floating-Point Reliably）を用いた拡張があり、数値演算能力が大幅に改善されました。また、個別に拡張機能をロードすることも可能になっており、共有オブジェクトをロードすることにより従来のAWKではできなかった機能を追加することができます。本章では、このような GNU AWK ならではの拡張機能について説明していきます。

第10章　GNU AWK はまだまだ成長中！ ユーザーの声をもとに作成された拡張機能を組み込んでみよう

10.1 MPFRによる拡張

　GNU AWKをソースコードからビルドする際、GNU MPFR（Multiple Precision Floating-Point Reliably）とGNU MP（Multiple Precision）がすでに導入されている場合には、自動的にMPFR拡張が組み込まれます。導入されているかどうかは、gawkのバージョンを表示することで分かります。次のように表示されたバージョンは、この拡張が組み込まれています。

```
$ gawk --version
GNU Awk 4.1.60, API: 1.1 (GNU MPFR 3.1.2, GNU MP 5.1.2)
```

　この拡張が組み込まれていない場合には、「(GNU MPFR 3.1.2, GNU MP 5.1.2)」という部分が含まれません。ここでは、この拡張が組み込まれているとして進めていきます。
　最も簡単にMPFRによる拡張機能を用いる方法は、gawkの起動オプションで-Mを指定することです。
　このMPFRによる拡張機能が組み込まれていないgawkでは53ビットまでの数値を扱えます。これは、次のような例で試すことができます。

```
$ echo 53 | gawk '{print 2 ^ $1 - 1}'
9007199254740991

$ echo 54 | gawk '{print 2 ^ $1 - 1}'
18014398509481984
```

　2のべき乗は必ず偶数になるため、これから1を引いた数は奇数になるはずですが、2 ^ 54 - 1は偶数になっています。これはgawkが53ビット演算までしか正確に計算できないことを意味します。そこで今度は、MPFRを用いた拡張を試してみましょう。

```
$ echo 54 | gawk -M '{print 2 ^ $1 - 1}'
18014398509481983
```

　検算はbcコマンドで行ってみましょう。

```
$ echo '2^54-1' | bc
18014398509481983
```

　このように正しく演算を行うことが可能になります。
　同様に、従来のgawkでは非常に小さな数は0として出力されていましたが、MPFRの拡張を用いることで、そのままの数で扱うことも可能になります。

```
$ gawk 'BEGIN {x = 1.0e-400; print x + 0}'
0
```

```
$ gawk -M 'BEGIN {x = 1.0e-400; print x + 0}'
1e-400
```

10.2 AWKでlsコマンド

　AWKはシェルを介した他のコマンドとの相性が良いため、「シェル芸勉強会」の中でも毎回用いられるコマンドの1つです。しかし、基本的なコマンドほどOS間で出力形式が微妙に異なるため、悩まされることが少なくありません。そこで、lsコマンドそのものを作ってみます。

```
@load "filefuncs"

BEGIN {

    passwd = "/etc/passwd";
    group = "/etc/group";

    FS = ":";

    while (getline < passwd > 0) {
        user_of[$3] = $1;
    }
    close(passwd);

    while (getline < group > 0) {
        group_of[$3] = $1;
    }
    close(group);

    for (i = 1; i <= ARGC - 1; i++) {
        stat(ARGV[i], stat_data_of);

        m_time = strftime("%Y-%m-%d %H:%M", stat_data_of["mtime"]);

        printf("%s %3d %8s %8s %9d %s %s\n",
            stat_data_of["pmode"],
            stat_data_of["nlink"],
            user_of[stat_data_of["uid"]],
            group_of[stat_data_of["gid"]],
            stat_data_of["size"],
            m_time,
            stat_data_of["name"]);
    }
}
```

　1行目に注目してください。**この@loadにより様々な拡張を行うことができます**。ここではfilefuncsという拡張を呼び出しています。このfilefuncsによりファイル情報を直接読むことができます。

83

第10章　GNU AWKはまだまだ成長中！　ユーザーの声をもとに作成された拡張機能を組み込んでみよう

　filefuncsではstat()関数が加えられます。この関数を実行すると、第1引数のファイルの情報が、第2引数の配列に格納されます。また、フォーマットをlsコマンドらしくするため、/etc/passwdファイルと/etc/groupファイルの中身を調べてuidとgidを取得しています。

　では、このプログラムをls.awkとして保存し、実行してみましょう。

```
$ touch a b

$ gawk -f ls.awk a b
-rw-r--r--     1 hi_saito hi_saito          0 2014-11-03 15:18 a
-rw-r--r--     1 hi_saito hi_saito          0 2014-11-03 15:18 b

$ ls -l --time-style=long-iso a b
-rw-r--r-- 1 hi_saito hi_saito 0 2014-11-03 15:18 b
-rw-r--r-- 1 hi_saito hi_saito 0 2014-11-03 15:18 a
```

　このようにGNUのcoreutilsのlsコマンド（--timestyle=long-isoオプション相当）に近い出力を得ることができました。

10.3 forkでループ

　従来のAWKはシングルタスクで、並列処理を行うことはできませんでしたが、最新のgawkには並列処理のための仕組みであるfork()関数が実装されています。このfork()関数が活躍するのは、並列処理を行うサーバーや多重ループ処理のような場面です。ここでは、100万回の処理を10回繰り返す処理にfork()関数を適用してみます。

　通常のAWKであれば以下のように記述します。

```
BEGIN {
    max_i = 10;
    max_j = 1000000;

    for (i = 1; i <= max_i; i++) {
        for (j = 1; j <= max_j; j++) {
            print i * j;
        }
    }
}
```

　このプログラムをloop.awkとして、実際に筆者のサーバーで実行してみました。

```
$ time gawk -f loop.awk > /dev/null
gawk -f loop.awk > /dev/null  7.42s user 0.29s
system 76% cpu 10.099 total
```

約10秒かかっていることが分かります。これを並列処理するには次のようにします。

```
@load "fork";

BEGIN {
    max_i = 10;
    max_j = 1000000;

    for (i = 1; i <= max_i; i++) {
        pid = fork();

        if (pid == 0) {
            for (j = 1; j <= max_j; j++) {
                print i * j;
            }

            exit 0;
        }
    }
    wait();
}
```

　このfork()関数はPerlなどで用いられているものと同じです。最初のfork()関数の実行でプロセスを生成します。上のプログラムの戻り値である変数pidの値が0の場合は子プロセスを表し、そうでない場合には親プロセスを表します。

　作成するプログラムにもよりますが、**子プロセスの最後にexit文で終了させるようにしましょ**う。そうしないと「危険シェル芸」と同じ「**fork爆弾**」の一種になってしまう可能性があります。実際に、筆者は何度もPCを操作不能にさせた経験があります。

　また、ここでは最後にwait()関数を使って、全ての子プロセスの終了を待っていますが、プログラムによっては待つ必要性はありません。

　では、このプログラムをfork.awkとして保存し、実行してみましょう。

```
$ time gawk -f fork.awk > /dev/null
gawk -f fork.awk > /dev/null 0.58s user 0.02s
system 13% cpu 4.381 total
```

　約4秒となり、処理時間は先ほどの半分です。並列処理を行うことにより、実行時間を大幅に短縮できました。

10.4 inplace

　inplaceとは元のファイルの置き換えです。sedコマンドの場合には-iオプションまたは--inplaceオプションとして知られています。sedコマンドの場合、以下のようにして元のファイルの

第10章　GNU AWK はまだまだ成長中！ユーザーの声をもとに作成された拡張機能を組み込んでみよう

内容を処理後の内容に置き換えることができます。同時に、バックアップファイルを作成することもできます。

```
$ cat test.txt
USP Magazine

$ sed --in-place=.bak 's/Magazine/Mag./' test.txt

$ cat test.txt
USP Mag.

$ cat test.txt.bak
USP Magazine
```

　この置き換えとバックアップの機能は便利なため、gawkに対して何度もリクエストがあった機能の1つです。メンテナーのArnold Robbinsは「シェルで代替できるからgawkに実装する必要はない」と言っていましたが、最終的にgawkの拡張機能として実装されました。

　このように、gawkにはユーザーからの意見により取り込まれた機能がいくつかあります。第9章で説明したFPATの導入によるCSVファイルへの対応もユーザーからのリクエストです。

　さて、今まで説明をしてきたプログラムファイルでは@loadとして拡張機能を読み込んでいましたが、gawkのコマンドラインオプションとして-iオプションでも実行可能です。

```
$ cat test.txt
USP Magazine

$ gawk '{sub(/Magazine/, "Mag."); print $0}' test.txt
USP Mag.

$ gawk -i inplace '{sub(/Magazine/, "Mag."); print $0}' test.txt

$ cat test.txt
USP Mag.
```

　また、置き換えに際してバックアップも作成するには、変数INPLACE_SUFFIXにバックアップファイルの拡張子を指定します。

```
$ cat test.txt
USP Magazine

$ gawk -i inplace -v INPLACE_SUFFIX=.bak '{sub(/Magazine/, "Mag."); print $0}' test.txt

$ cat test.txt
USP Mag.

$ cat test.txt.bak
USP Magazine
```

　このようにして、sedコマンドの置き換えとバックアップの機能も実装されています。

10.5 他には？

最新のgawkに関する日本語の書籍はまだまだ少なく、ほとんどの書籍はgawk 2.11の時代のものであるとともに、MS-DOS時代のものばかりです。では、こうしたgawkの拡張機能にどのようなものがあるかを知るには、どうすればよいでしょうか。

筆者がよりどころにしているのは、gawkのinfoファイルです。紹介した拡張機能は、infoファイルの16章「Writing Extensions for 'gawk'」に、APIを含めてまとめられています。紙面の関係で紹介しきれていない拡張機能があり、サンプルも豊富なので、（残念ながら英語のドキュメントになりますが）興味がある人は見てみてください。

あと、あまり大きな声では言えませんが、米O'Reillyの書籍『Effective awk Programming』はgawkに対応した書籍ですが、実はこのinfoファイルを製本したものです。gawkソースファイルのdocディレクトリにこのデータがあり、以下のようにしてPDF化することができます。

```
$ cd doc
$ make pdf
```

10.6 gawkextlib

gawkのinfoファイルには「The 'gawkextlib' Project」というものがあります。これは以前「xmlgawk」や「xgawk」と呼ばれていた、gawkに様々な拡張機能を実装するプロジェクトです。本プロジェクトでは、今も積極的に開発が進められています。具体的には次のような拡張があります。

- GDグラフィックライブラリ拡張
- PDFの拡張
- PostgreSQL拡張
- XMLなどの構造化テキスト対応

このプロジェクトには私をはじめ日本人の方もいますので、新しいアイディアがあれば提案してみてください。

10.7 本章のまとめ

　AWKはUnix系のコマンドで、もともとはパイプから渡された処理を行うための言語でした。一方で、AWKのマニアたちはAWK単独でも様々な処理を望むようになり、その結果がGNU拡張になっています。

　そうしたGNU拡張の中でも、@loadを用いた拡張は古いAWKの制限を取り去り、単独でプログラミング言語として成立するような拡張になっています。

　LinuxなどではGNU AWKが標準でインストールされているケースも多いので、もっと一般的に使われるようになってほしいものです。

第 **11** 章

コマンドを作りながら覚える
AWK 入門

AWK 初心者には、{print $1} というようなフィールドの抜き出しはできるものの、次のステップとして何を学習してよいのか分からない方も多いのではないでしょうか。筆者も行った AWK の習得術の 1 つに、Unix 系 OS に搭載されているコマンド群を AWK の「一行野郎」で実装していくというものがあります。この方法のメリットとして、たくさんある Unix 系 OS 搭載コマンドが例題になること、Unix 系 OS のコマンドは単機能であるため比較的実装しやすいことが挙げられます。この方法で学習していくことで真の AWKer を目指し、次のステップに進んでいきましょう。

第 11 章　コマンドを作りながら覚える AWK 入門

11.1 レコードとフィールド

　ここまで本書を読み進めてきた方には復習になりますが、AWKの動作を再度確認しましょう。
　AWKは入力のテキストファイルをレコードとフィールドに分割します。デフォルトではレコードが行に該当し、フィールドが単語に該当することはよく知られています。脱初心者を目指すのであれば、正確な表現として「レコードはレコードセパレータRSで分割した単位であり、必ず分割されるもの」で「フィールドはレコードをフィールドセパレータFSで分割した単位であり、必要に応じて分割されるもの」と覚えておきましょう。
　AWKを少し触ったことのある方は、「フィールドは必要に応じて分割される」という表現は変ではないか、必ず分割されるのではないのかと思うかもしれませんね。少し掘り下げてみましょう。
　ここでは「フィールドの区切りをスペースからタブ文字に変換して出力したい」というケースを考えます。フィールドの区切りはFSですから、その出力であるアウトプットフィールドセパレータOFSを変更します。

● フィールドが自動で分割されない例
```
$ echo 'a b c d' | awk 'BEGIN {OFS = ","} {print $0}'
a b c d
```

　出力のフィールドの区切りはスペースのままです。これはレコードの中がフィールドに分割されていないためです。フィールドの分割は、フィールドに対し何らかの操作を行ったときに初めて行われます。「フィールドは必要に応じて分割される」とはこのことです。要は何らかの操作を行えばよいのですが、よく使われるのは $1 = $1 という手法です。これを「フィールドの再構築」といいます。

● フィールドを強制的に分割する例
```
$ echo 'a b c d' | awk 'BEGIN {OFS = ","} {$1 = $1; print $0}'
a,b,c,d
```

　誰もがつまづくところですので、正しい意味を理解しておきましょう。

11.2 パターンとアクション

　AWKは「パターンとアクション」で構成されるプログラミング言語です。「もし○○なら、△△する」の「もし○○なら」という部分がパターンで「△△する」の部分がアクションに該当しま

す。また、パターンとアクションは必ずペアで用いる必要はありませんが、これは先ほどから何度か出てきている{print $0}の中にパターンがないことからお分かりになるでしょう。

パターンがない場合には、全てのレコードに対してアクション（処理）が行われます。一方で、**アクションがない場合には、{print $0}が省略されているものとして処理が行われます**。これを知っていると、余計な{print $0}を記述する必要がなくスマートに記述できます。

さらに、パターンの中では$0 ~という部分を省略することができます。この省略はよく使われます。

以下に示すのは、パターンもアクションも記述した例、パターンのみを記述した例、パターンのみでかつ$0 ~という部分を省略した例です。いずれも同じように動作します。

```
$ seq 1 10 | awk '$0 ~ /1/ {print $0}'
1
10

$ seq 1 10 | awk '$0 ~ /1/'
1
10

$ seq 1 10 | awk '/1/'
1
10
```

また、第1章でも説明したとおり、AWKでは数字の0または空文字列""は偽となり、それ以外は真として扱われます。また、AWKの代入は破壊的であるため必ず成功しますが、代入の真偽判定は代入後の左辺値が使われます。

次に、これらのことを踏まえてUnix系OS搭載コマンド群をAWKで作っていきましょう。

11.3 コマンド群を作る

ここから、Unix系OSに搭載されているコマンド群を作っていきますが、コマンドの機能を完全に実装することは重要ではありません。完全に実装するのであれば、C言語からAWKに変換するという苦行になってしまいます。コマンドで自分が必要とする機能を実装できればそれで十分とします。

cat

catコマンドはファイルの中身を表示するという機能です。AWKで全てのレコードを表示するには{print $0}とすればよいわけです。

第 11 章　コマンドを作りながら覚える AWK 入門

● AWK による cat コマンドの実装 (1)
```
$ echo 'a b c d' | awk '{print $0}'
a b c d
```

　発想を逆にすると「常にパターンを真にすればよい」わけですから、0以外の数字をパターンに使えばよいのです。

● AWK による cat コマンドの実装 (2)
```
$ echo 'a b c d' | awk '4'
a b c d
```

　AWKを使うことで、たった1バイトでcatコマンドを実装できました。
　さて、catコマンドは-nオプションで行数を表示させることができます。これをAWKで実装するには、読み込んでいるレコードまでの総レコード数を表す組込変数NRを使って以下のようにします（読み込むファイルをfoo.txtとします）。

● AWK による cat -n の実装
```
$ awk '{print NR, $0}' foo.txt
```

　ところで、catコマンドのcatは猫ではなくconcatenate（つなぐ）の略で、本来のcatコマンドの意味は「バイナリファイルを含めて複数のファイルを束ねる」です。AWKはバイナリファイルを扱えないため、そこまでは実装できません。しかし、それでいいのです。全てを実装するのではなく、模擬したコマンドを作ることで学習を重ねていきましょう。

cut

　cutはフィールドを抜き出すコマンドです。AWKが代わりに用いられたり、逆にAWKの代わりに用いられたりすることで有名です。機能は似ているのですが、フィールド区切りに大きな違いがあります。cutコマンドのフィールド区切りはタブがデフォルトであり、正規表現は使えません。一方、AWKのフィールド区切りは連続するスペースまたはタブがデフォルトで、正規表現も使えます。
　比較のため、第3フィールドを抜き出してみましょう。

● cut コマンドと AWK を用いたフィールドの出力 (1)
```
$ echo 'a b c d' | cut -d ' ' -f 3
c

$ echo 'a b c d' | awk '{print $3}'
c
```

　これだと優劣が分かりにくいですが、cutコマンドは範囲を指定してフィールドを抜き出すことができます。例えば、第2フィールドから第4フィールドまでを抜き出してみましょう。

● cut コマンドと AWK を用いたフィールドの出力 (2)
```
$ echo 'a b c d' | cut -d ' ' -f '2-4'
b c d

$ echo 'a b c d' | awk '{for (i = 2; i <= 4; i++) {printf("%s ", $i);}} END {print ""}'
b c d
```

このように、特定の範囲のフィールドを抜き出す場合、処理が非常に面倒になってしまうのがAWKの泣き所の1つです。しかも、この一行野郎には出力の末尾にスペースが入るという問題まであるので注意してください。

head

headコマンドの代わりにAWKを使う人は多いのではないでしょうか。理由は、headコマンドは処理が終わるとSIGPIPEを発行する場合があるからです。bashの`${PIPESTATUS[@]}`でエラーの有無をチェックしていたり、`set -o pipefail`を設定していたりすると、真のエラーではなくてもエラーになってしまいます。

● head コマンドの SIGPIPE によるエラー
```
$ seq 1 1000000 | head > /dev/null

$ echo ${PIPESTATUS[@]}
141 0
```

これを避けるために、AWKで以下のように記述する場合があります。

● AWK による SIGPIPE の回避
```
$ seq 1 1000000 | awk 'NR <= 10 {print $0}' > /dev/null

$ echo ${PIPESTATUS[@]}
0 0
```

ただし、これにはパイプの前のコマンド（この例では`seq 1 1000000`）が処理を終えるまで待つという欠点があります。とはいえ、処理するものの長さが事前に分かっている場合や、連続してAWKで処理を行うような場合には、AWKのほうが使い勝手がよいでしょう。

grep

なぜかgrepコマンドはAWKと併用して使われる場合が多いのですが、grepコマンドの基本的な機能はAWKに含まれています。すでに例として挙げたように、`seq 1 10`の結果から正規表現で1を含むものを抜き出したい場合には以下のようになります。

● AWK による grep コマンドの実装
```
$ seq 1 10 | awk '/1/'
1
```

第11章　コマンドを作りながら覚えるAWK入門

```
10
```

　一方で、AWKにないものとしては、fgrepコマンド（grep -Fで代用可能）のような文字そのもの（文字リテラルといいます）での検索機能が挙げられます。また、GNU AWKの正規表現はほぼGNU grepコマンドの正規表現と一致していますが、特定のロケールにおける扱いが異なることがあるので、確認してから利用しましょう。また「シェル芸」で最もよく使うgrepコマンドの-oオプションですが、これをAWKの一行野郎で作るのは少し大変です。

●AWKによる`grep -o`の実装
```
$ echo 'a b c d' | grep -o 'a'
a

$ echo 'a b c d' | awk 'match($0, /a/) {print substr($0, RSTART, RLENGTH)}'
a
```

　match()関数で正規表現aが存在する開始文字RSTARTと文字数RLENGTHを取得し、この結果をsubstr()関数に渡して該当する部分を抜き出しています。
　また、この一行野郎では1行に複数マッチする箇所があるとうまく動作しません。1行に複数ある場合、AWKだとfor文などでループする必要があり、複雑なものになってしまいます。

tr

　次はtrコマンド、……というわけではなく、置換です。AWKはsub()関数またはgsub()関数で置換を行えますが、戻り値が置換後の文字列ではなく何個置換したかという数であるため、直感的に分かりにくく、AWKの置換は評判が良くありません。もっとも、GNU AWKには後方参照も扱うことができるgensub()関数がありますが、ここでは扱いません。関数の中に入れてしまうと一行野郎として見通しが悪くなるからです。ここでは以下のように、-vオプションで変数beforeと変数afterに入れて置換してみます。

●AWKによる置換（1）
```
$ echo 'a b c d' | awk -v before='a' -v after='A' '{sub(before, after, $0); print $0}'
A b c d
```

　また、置換の個数が戻り値であることを利用すれば、（置換できることが条件になりますが）以下のようにも記述できます。

●AWKによる置換（2）
```
$ echo 'a b c d' | awk -v before='a' -v after='A' 'sub(before, after)'
A b c d
```

　パターンの中身がsub()関数ですが、1つ以上が置換できれば真になるため、暗黙の{print $0}がアクションとして実行される仕組みを使っています。どちらもtrコマンドの文字集合での置換には対応していませんが、これをAWKで実装するのは大変でしょう。

seq

seqコマンドは等差数列を出力するコマンドです。「シェル芸」や何らかのテストを行う際、サンプルとしての数字を列挙するのによく使われます。

● seqコマンドとAWKの違い
```
$ seq 1 10 > /dev/null

$ awk -v start=1 -v end=10 'BEGIN {i = start; while (i <= end) {print i++}}' > /dev/null
```

AWKは行単位での処理が基本です。この例のように行以外で走査する場合、記述はC言語と同じようになり、効率が良くありません。もちろん、数字を2乗していく必要があるなどseqコマンドでは表現できないような処理がある場合には、AWKで記述したほうが見通しが良くなります。

wc

wcコマンドは、本来の単語数カウント（Word Count）を行うコマンドとして考えてみます。AWKのフィールドのデフォルトは単語ですから、フィールドの数を集計し、最後に表示すればよいことになります。wcコマンドでは-wオプションで単語数のみを表示することができるので、これと比較してみます。

● wcコマンドとAWKによる実装の違い
```
$ echo 'This is a pen.' | wc -w
4

$ echo 'This is a pen.' | awk '{n += NF} END {print n}'
4
```

1レコード中の単語数（フィールド数）は変数NFに格納されるので、これをレコードごとに足し合わせていき、最後のENDブロックで表示しています。もし、行数が必要であればENDブロックで変数NRを表示すればトータルの行数を表示することができます。

なお、wcコマンドは文字列のバイト数を返す一方、GNU AWKは文字列の文字数を返すという違いがあります。日本語を扱うような場合は注意が必要です。

● wcコマンドとAWKの日本語の扱いの違い
```
$ echo 'これはぺんです。' | wc -c
25

$ echo 'これはぺんです。 | awk '{print length($0)}'
8
```

これはwcコマンドに限った話ではなく、Unix系OSのコマンドは単機能で高速に動作させることを目的としていることもあり、マルチバイトの文字を扱えないものもあります。

第11章　コマンドを作りながら覚えるAWK入門

bc

bcは計算をするためのプログラムですが、慣れないと使いづらいコマンドの1つです。標準入力から式を与えないといけないことや、デフォルトでは整数演算になってしまうことに戸惑った経験がある人もいるでしょう。

● bc コマンドのデフォルトは整数演算

```
$ echo '2 / 3' | bc
0

$ echo '2 / 3' | bc -l
.66666666666666666666
```

AWKにはミニマルな関数群が含まれており倍精度浮動小数点演算を行うため、この機能を他でも使えたらうれしいと考えるのは当然です。

● AWK で実装した bc コマンド

```
$ echo '2 / 3' | awk '{system("awk \047 BEGIN {print " $0"}\047")}'
0.666667
```

真面目に実装するのであれば、書籍『プログラミング言語AWK』（USP研究所 刊）に記述されている中置記法を用いてパースする必要がありますが、ここではsystem()関数から再度AWKを呼び出してそこで計算させています。また、~/.bashrcなどに以下のような関数を定義しておくとbcよりも使い勝手が良くてお勧めです。

● ~/.bashrc での calc() 関数の定義

```
function calc() {awk "BEGIN {print $*}"}
```

このように定義しておくと、以下のようにいつでもAWKによる計算を呼び出せます。

● AWK で実装された calc コマンドの呼び出し

```
$ calc '2 / 3'
0.666667

$ calc 'atan2(0, -1)'
3.14159
```

date

日付に関する関数はGNU AWKでは実装されています。

● GNU AWK による日付の表示

```
$ gawk 'BEGIN {print strftime("%Y/%m/%d %H:%M:%S")}'
2016/05/18 10:40:47
```

これ自体に新規性はないのですが、古いAWK関連の書籍がGNU AWK 2.11あたりに出版されたこともあり、日付の取得はgetlineで行うという内容が多いです。

● getline による date コマンドの結果の取り込み

```
$ awk 'BEGIN {"date \047+%Y/%m/%d %H:%M:%S\047" | getline date; print date}'
2016/05/18 11:11:37
```

getlineは関数としての側面がある一方で、用法が関数ではないために、中級者でも分かりにくいコマンドの1つです。置き換えられるものは置き換えてしまいましょう。

uniq

uniqコマンドを使う前には必ずソートする必要があります。そのため、sort | uniqというのは慣用句と言ってもよいと思います。しかし、sortコマンドは全ての行を読み込んで処理が終了しないと次のコマンドに出力を渡さないため、効率が良くない例として挙げられることもあります。ここではAWKでソートをせずに重複を削除するuniqコマンドを実装します。

● AWK で実装した uniq コマンド

```
$ echo -e 'a\nb\na' | awk '!a[$0]++ {print $0}'
a
b
```

もしくは単に!a[$0]-+とも記述できます。ここで使っているインクリメント演算子++とデクリメント演算子--は動作が複雑なので少し解説します。

まず、配列aはどのように変化していくのでしょうか。a[$0]++の値を見てみましょう。

● a[$0]++ の値

```
$ echo -e 'a\nb\na' | awk '{print a[$0]++}'
0
0
1
```

最初の行の値が0になっており、インクリメントされていませんね。これはそういう仕様なのですが、インクリメント演算子またはデクリメント演算子が変数の後に付いた場合（後置といいます）には、戻り値はそのままで、次に参照される際にインクリメントまたはデクリメントされます。これは以下のようなプログラムで確認できます。

● a[$0]++ の値とその後から呼び出された a[$0] の値

```
$ echo -e 'a\nb\na' | awk '{print a[$0]++, a[$0]}'
0 1
0 1
1 2
```

最初のa[$0]++ではインクリメントされていませんが、後から参照しているa[$0]はインクリメ

ントされた値が格納されています。一方、インクリメント演算子またはデクリメント演算子が変数の前に付いた場合（前置といいます）には、戻り値はインクリメントまたはデクリメントされた値になります。先ほどと同様のプログラムで確認できます。

● ++a[$0] の値とその後から呼び出された a[$0] の値

```
$ echo -e 'a\nb\na' | awk '{print ++a[$0], a[$0]}'
1 1
1 1
2 2
```

最初の++a[$0]ではすでにインクリメントされた値が返っており、後から参照しているa[$0]にもインクリメントされた値が格納されています。これらを踏まえた上で!a[$0]++を考えてみます。

1. 最初に現れた$0に対して$0を要素とする配列を作成します。
2. a[$0]が作られ、このときのa[$0]は0または空文字列です。a[$0]++では後置ですから値はそのままで0または空文字列になります。次に参照されるとインクリメントされた値1になります。
3. !a[$0]++は0または空文字列を否定するので1（つまり真）になり、{print $0}が実行されます。
4. 2つ目の同じ$0が現れると、$0に対して$0を要素とする配列a[$0]は存在するので、この際のa[$0]は最初に現れた際にすでにインクリメントされています。つまり、a[$0]の値は1になります。
5. a[$0]++では後置ですから値はそのままで1になります。
6. !a[$0]++は1を否定するので0（偽）になり、{print $0}は実行されません。

このようにして、同じレコードに対して最初に出現したものだけを抜き出し、重複をなくしています。単純にsort | uniqを使っている箇所はAWKを使った!a[$0]++のほうが効率が良いので置き換えてしまいましょう。

11.4 本章のまとめ

AWKで様々なコマンドを実装してみました。AWKで実装したほうが簡単なもの、柔軟に対応できるものなどもありますが、一方でAWKでの実装が難しいものもあり、AWKの得意不得意が見えてきたのではないでしょうか。

AWKでサーバーやCMS（コンテンツ管理システム）のような大規模なものを作ることで得られる知識やノウハウもありますが、簡単なコマンドを実装することで得られるものもあり、初心者にはちょうどよい練習問題だと思います。手元のbashスクリプトで無意味な「catコマンド＋AWK」や「grepコマンド＋AWK」というような組み合わせがあったら、手直しして効率化を進めていきましょう。

第12章

AWKブーム第1世代は
「アイドル辞書」で学んだ

（CodeZine「かまぷとゆうこのデベロッパーズ☆ラジオ」より）

本章は、開発者のための実装系Webマガジン「CodeZine」が
Podcastで配信している番組「かまぷとゆうこのデベロッパーズ☆ラ
ジオ」[注1] 略して「デブ☆ラジ」に、筆者が登場した回をダイジェスト
記事としてまとめたものです。この番組では、USP研究所のかまたひ
ろこさんと、CodeZine編集部の近藤佑子さんが毎回ゲストを招き、
IT技術に関するちょっといい話をソフトウェアデベロッパーに届けて
います。筆者はその記念すべき第1回のゲストでした。
聞き手：かまた ひろこ、執筆：近藤 佑子（CodeZine編集部）

注1）「かまぷとゆうこのデベロッパーズ☆ラジオ」配信ページ
https://soundcloud.com/devraji
https://itunes.apple.com/jp/podcast/id1123880107

第12章　AWKブーム第1世代は「アイドル辞書」で学んだ（CodeZine「かまぷとゆうこのデベロッパーズ☆ラジオ」より）

近藤佑子（以下、ゆうこ）　今回が第1回の放送なんですけれども、この番組はですね、今年の2月にあったオープンソースカンファレンス[注2]のあとに、2人で飲んでて「やろう」って言ってね。やっと始められましたね。

かまたひろこ（以下、かまぷ）　そうですね。吉祥寺のCAFE ZENON[注3]で。

ゆうこ　かまたさんはその前にも対談の企画をやられてたんですよね。

かまぷ　はい。月刊誌『Software Design』（技術評論社 刊）さんで、「かまぷの部屋[注4]」という対談を1年半ぐらいやらせていただいて。で、まあ19回という回数がちょっと消化不良だよね、みたいな話をゆうこりんとして、何かゆうこりんも人生に悩んでるみたいで、何か2人でやろうよと。TechGIRL[注5]も一緒にやってるしね。

ゆうこ　そうですね、TechGIRLっていうのは、IT関係の女性の方がもっと前に出ていこうよっていう主旨でLT大会をやってまして。

かまぷ　プレゼン能力を高める会ですね、女性の。そっちは裏方が多くて、何かもうちょっとじっくり人の内面を見ていくようなものを、何かやりたいんだよねと話してて。

ゆうこ　世の中には技術系Podcastがいっぱいあります。例えばRebuild.fm[注6]さんが有名ですけど、私がやっているCodeZineでも何かできないかなと。それにしても、編集者もなかなか裏方の仕事なんですよね。

かまぷ　分かる。

ゆうこ　ねえ。表に出たいときもあるじゃないですか。それで、自分が主役になりつつもいろんな人の話を引き出して、みなさん聴いてらっしゃる方、読んでくださる方にもお届けできるようなものが作りたいなとかまたさんに話をしたら、「やろう」と。

かまぷ　形にしようと。今日に至ったわけですよ。

ゆうこ　そうですね。いや本当、この日を迎えられて私はすごく嬉しいです。

かまぷ　私もですね。

ゆうこ　で、こんな感じで始めていきたいと思います。

かまぷ　よろしくお願いします。

注2）　http://www.ospn.jp/osc2016-spring/
注3）　http://www.cafe-zenon.jp/
注4）　http://techlion.jp/archives/7054
注5）　https://techgirls.doorkeeper.jp/
注6）　http://rebuild.fm/

12.1 なぜ今、AWKの記事がそんなに読まれているのか？

● 図12.1　斉藤博文さん（中）:「日本GNU AWKユーザー会」会長。25年くらいAWKを使っているが、AWK以上の頼れる言語に巡り会っていない。最近はPythonを使うことも多く、Deep Learningの勉強会にも参加している。

ゆうこ　それでは、今回のゲストをご紹介します。「日本GNU AWKユーザー会」の、斉藤博文さんです！

斉藤さん（以下、斉藤）　どうも、日本GNU AWKユーザー会の斉藤です。第1回ということで、よろしくお願いします。

ゆうこ　よろしくお願いします。じゃあ、乾杯しましょうか。

斉藤　まずは、喉を潤して。

斉藤＆かまぷ＆ゆうこ　乾杯！

かまぷ　あー、うまい。

ゆうこ　で、斉藤さんにぜひ出てもらいたいなと思ったのは、斉藤さんが『シェルスクリプトマガジン[注7]』に執筆されていたAWKについての連載を、CodeZine[注8]に転載させていただいたご縁です。PVを調べてみると、その第4回（本書の第4章）が、2014年度と2015年度でCodeZineで一番読まれてる記事だと分かりました。

斉藤　すごいですね。自分が言うのもなんですけれど。

かまぷ　「『シェル芸』に効く AWK処方箋[注9]」ですね。

斉藤　やっぱみんな、AWK好きなんでしょうね、どこかで。

[注7] https://www.usp-lab.com/pub.magazine.html
[注8] https://codezine.jp/
[注9] AWK処方箋（全6回）http://codezine.jp/article/corner/516 と GNU AWK処方箋（全4回）http://codezine.jp/article/corner/549 の全10回。

第12章 AWKブーム第1世代は「アイドル辞書」で学んだ（CodeZine「かまぷとゆうこのデベロッパーズ☆ラジオ」より）

かまぷ あと、そういう書籍が足りないのもあったりとかするのかな。

斉藤 そうですね。今から20年、25年ぐらい前ですかね、AWKブームがあって、書籍は4冊くらいほぼ同時に出てるんですよ。ただ当時の書籍はまだMS-DOSの時代のものなんです。今はみんなPC-UNIX、Linuxを触れるようになって、本当のAWKを使えるようになったんだけど、書籍が新しいAWKに対して全然キャッチアップできてない。それで（AWKの記事を）読みたいというところはあるんでしょうね。AWKの新しい機能ってなんだろうとか。

かまぷ ソフトのアップデートが少なくても、ハードが進化しているので、やれることが実は増えているっていうのにみんな気づいてる。

斉藤 特にオープンソースの流れがあるんでしょうね。今までMS-DOSや、Macでいうと漢字Talkのようなプロプライエタリのものばっかり使ってたのが、オープンソースになって、今まで手が届かなかったLinuxが誰でも使えるようになった。そのLinux、まあUnixを作った人が作ったプログラミング言語のAWKが、より身近なものになってるのかなと思います。

ゆうこ 私、AWKに触れたのは斉藤さんの記事が初めてで。そもそもAWKってどういうところで便利に使える言語なんですか。

斉藤 そうですね。USP研究所さんが出されている『プログラミング言語AWK[注10]』っていう書籍があるんですけど、その中にも書かれてます。

　まず簡単なデータ処理、定型のデータ処理ができる。あとはフォーマッタですね。テキストがザーッと並んでいるものを、ちゃんと整形された文章にすること。さらに数値演算が非常に簡単にできるというところですね。特に命令数が圧倒的にプログラミング言語の中で少なくて、用意されている関数が20個ぐらいしかないんですよ。なので覚えることも簡単だし、覚えてしまうといつでも引き出せるという。そういう便利なところがありますね。

ゆうこ もともとは何を目的として開発されたんですか？

斉藤 AWKって「A」「W」「K」と書きますが、実はこれ作者のエイホ博士[注11]と、ワインバーガー博士[注12]と、カーニハン博士[注13]という3人の名前の頭文字を取ってAWK、それを「オーク」と読んでるんですが、エイホ先生が言うには「AWKって使い捨ての言語」。なので書いてパッと捨てちゃう。まさに今で言うシェル芸ですね。書いて跡形も残さずに消え去ってしまうぐらいの簡単なものを作る言語ですよと。

　その元になっているのは、「grep」っていうテキストファイルの中身を検索するコマンドです。grepにも名前の由来があって、あれはもともと「Ed」（viの前身）っていうエディタのコマンドで、実はgってglobalなんです。で、reがregular expressionで正規表現、pがprint。なので、文章全体を正規表現で検索した結果を表示しなさいっていう、それがgrepなんですね。

　ただ、検索だけして終了じゃなくて、検索した、選ばれた結果に対してプラスアルファの処理がやりたいよね。ただその処理はとても簡単な処理でいい。そこに対して新しいプログラミング言語を作っていきたい、というモチベーションでできたのがAWKだと、エイホ先生はおっしゃってますね。

かまぷ エイホ先生のホームページを見てたら、99 Bottles of Beer[注14]ってサイトがありましたね。

注10）https://www.usp-lab.com/book.awk.html
注11）https://ja.wikipedia.org/wiki/アルフレッド・エイホ
注12）https://ja.wikipedia.org/wiki/ピーター・ワインバーガー
注13）https://ja.wikipedia.org/wiki/ブライアン・カーニハン
注14）http://www.99-bottles-of-beer.net/

いろんな言語でスクリプト書いてみる、みたいな（AWKバージョンはhttp://www.99-bottles-of-beer.net/language-awk-1677.html）。

ゆうこ　あと、斉藤さんの記事（本書の第1章）の中で、AWKを使ってる人は「エレガント」っていう言葉が好きだってことを書かれてて、その心をちょっと聞きたいなと。

斉藤　エレガントっていう言葉の元ネタは、AWKを作られた、3人のA、W、Kの方、ではなくって、GNU AWKのメンテナーをされているArnold Robbinsさんです。彼がよくですね、エレガントっていう言葉を自分の文章の中で使うんですよ。で、AWKを使う限りは、Perlのような汚いプログラム、と言ったら怒られますけれど、ではなくってAWKらしく、我々がUnixの王道だというのを示すためにエレガントに書きましょうと、結構書かれてますね。

12.2　「AWK != Perl」とあえて言っちゃう

ゆうこ　AWKを知ったのはどういったきっかけなんでしょうか。

斉藤　AWKはですね、もともと私、大学の学生寮に住んでて、そこでいろんな大学の学生さんがいたんですが、東大の文学部の友人がパソコン好きで、パソコン雑誌を見てたんですね。

かまぷ　その当時のパソコンて、ちなみにどんなパソコンなんですか。

斉藤　PC-9801の、何ですかね……まだ16bitです。32bitではない。それで、彼がそのパソコン雑誌の中に「面白い記事があるんだけど、知ってる？」って言って飛んできて、多分『月刊アスキー』だと思うんですけど、それを見ると、ダジャレ生成機みたいなものを作ってました。例えば「ふとんがふっとんだ」みたいに、「ふとん」と「ふっとん」という非常に似ている言葉同士を集めて、それで何か面白い言葉作れませんかっていうの。そして、文字と文字とが何文字離れているかという「文字間距離」などのアルゴリズムを紹介していた記事があって。当時は全然、文字間距離だとかAWKも分かんないし、ただ何かこの「AWK」という言語ってすごく面白いことができるんだと。

当時はWebもなかったので、今までプログラムっていうと、数字を計算したり、グラフを描いたりだとか、そういう世界だったのが、ああ何か、文系の世界に降りてきた言語かなと思って、非常に衝撃を受けましたね。

かまぷ　AWKに出会う前は、どんなプログラムをやってたんですか。

斉藤　実は昔、プログラミング言語マニアで。いろんなものをかじってます。Fortranだとか Forthだとか COBOLだとか、Cだとか BASICだとか、もうほとんど。

かまぷ　手続き型。

斉藤　いろんなものをずっと触ってました。とはいえ、実際に使えるものって BASICとC言語ぐらいしかないのですが、C言語って、今とはちょっと別の意味でしんどくて。当時はパソコン自身がフロッピーディスクで動いてたんですよね。で、フロッピーディスクで動くとなると、Cコンパイラが入るか入らないか。

ゆうこ　ああ、容量が。

第12章　AWKブーム第1世代は「アイドル辞書」で学んだ（CodeZine「かまぷとゆうこのデベロッパーズ☆ラジオ」より）

斉藤　そういう世界で頑張るのが結構しんどい。そうすると、基本はBASIC使ってました。で、BASICやCって、面倒くさいところがあるんですよね。何かと言うと、普通に我々ってマウスダブルクリックでファイルを開くっていう、すごく単純な作業でファイルを見ることができるじゃないですか。ところがBASICやCは、ファイルを開くために手続きがいるんですよね。例えばPerlとかでも、とっても真面目に書くといろいろファイルオープンして、ファイルハンドラを指定して、ファイルをクローズするみたいな手続きがいるんですけど。

　AWKは実はそれが全くなかった。波括弧で括ってあげると、自動的に引数に与えたファイルを自動的に開いてくれる。今まですごく面倒くさかった作業が、「なんでAWK使うとこんなに便利なんだ！」と衝撃受けましたね。

ゆうこ　なるほどですね。

かまぷ　人に歴史あり、コンピュータに歴史ありですね。

斉藤　とりあえず、自分に合った言語を探してたんですよね。C言語がすごいとか、これからの主流になるとかってのは分かってたんですよ。ただやっぱり、当時はポインタをはじめ、よく分からなかったので、もっと簡単な言語ってないのかなって、探してた。探してて、先ほど言ったFortranやCOBOL、当時は人工知能に向いてるって言われてたPascalやForthだとか、そういう言語も触りつつ、自分に合ってるのは何だろうなって探していました。

かまぷ　で、もうAWKに出会ったらAWK一番。

斉藤　AWK一番ですね。

かまぷ　前田敦子みたいな感じ。

斉藤　不思議なぐらいで。何かAWKユーザーってそういう人、結構多いんですよ。もうAWK一番だと。で、AWKとPerlってよく比較されるじゃないですか。よく似たプログラミング言語ですよと。できた年も、実は1年くらいしか違わないんですよ。違わないんだけど、AWKユーザーはPerlがどうも嫌いで、他の言語を敵視まではいかないですけど、「俺たちは違うんだ」みたいな感じで。

　よくプログラムで否定するときってあるじゃないですか。否定ってうのは、プログラムの条件文で、例えば無限ループを作りなさいみたいなのでもいいんですけど、絶対に条件を抜けないでほしい、というものを作るときに、わざと「AWK != Perl」って書いたり。別にそう書かなくてもいいはずなのに。「我々はこいつらと違うんだ」というのでループを回すという。

かまぷ　Perlだと勝手に抜けちゃうんですか。

斉藤　いや、「2つが違う間はループを抜けません、2つが一緒になったらこのループ抜けます」みたいな、そういう条件分岐を作るのに、「AWKとPerlは等しくない」という条件で、無限にループを回すという。

かまぷ　あえて嫌味を言っちゃうのがAWKユーザー。

斉藤　AWK使いってAWKer（オーカー）っていうんですけど、AWKerの癖ですね。たまにそういう人いますね。

かまぷ　AWKとPerlの違いってひとことで言うとなんですか？

斉藤　今で言えば、ライブラリですね。やっぱりPerlのCPAN[注15]の強力さはケタ違いですし。最近だとPythonや、他の言語でもライブラリが豊富にありますけど、AWKだけ実は整備されてないんですよね。

注15）http://www.cpan.org/

ゆうこ　あるにはあるんですか。
斉藤　あるのはあるんですけど。なんでか考えてみたんですけど、結局簡単だから自分で作れちゃう。
ゆうこ　なるほど、人に共有するまでもないと。
斉藤　ほとんどの場合、それぐらいできるでしょっていう。GNU AWKのメンテナーもそっけなくて、「何かこういうのない？」って聞いたら、「それって自分でできるよね」っていう回答をする。
ゆうこ　試される感じですね。

12.3　AWKを勉強するには「アイドル辞書」が役立った

ゆうこ　AWKに心底ハマって、その後どうやって勉強されましたか。
斉藤　まずは手を動かすのが重要ですね。私、自分で決して頭いいほうだとは思ってなくて、プログラムって頭の中で考えても、その通り動いてくれないんですよ。みなさんもそうかもしれないですけど。なので、実際に手を動かして書いた量が、自分の経験が全てだと私は思っているので、とりあえず書くと。で、AWKのいいところが、もともとあったファイルをリダイレクトしない限り壊さないので、他のプログラムもそうですけど。壊さないというのが約束されているので、もういろんなことをやってみるというところから学びましたね。
かまぷ　トレーニングといいますか、訓練ですね。
斉藤　そのときに役に立ったのが……当時「アイドル辞書」ってのがあったんですよ。今はないんですけど。いろんなアイドルの身長・体重・スリーサイズ、出身地、年齢。いろんなことが書いてある。そうすると、とってもたくさんのアイドルが載っているんで、じゃあ自分の好みに合った、「若くて身長が小さくて」と検索するのに、すごくAWKって便利な言語なんですね。それをもとに、こういう条件に変えたらどうなるだろうとやってみました。
ゆうこ　このアイドル辞書、テキストデータで転がってたものだったんですか。当時は……あれ、インターネットはない時代ですよね。
斉藤　いいところに気が付きましたね。なかったんですよ。いわゆるウェブで手に入る時代じゃなくって、当時FTPが主流で、FTPといえば、当時は、秋保という地名にちなんだ秋保サーバー（秋保窓[注16]）ってのがあったんですよ。そこにいけば、全てのいろんな情報が手に入る。
ゆうこ　すごそうな場所ですね。
斉藤　で、AWKをやる人も、もちろんいろんなデータ取りに行ってました。当時、FTPは何とか使えたので。
かまぷ　「あきう」ってなんですか。
斉藤　秋保って知りません？「秋保（あきほ）」と書いて「あきう」。それ。
かまぷ　へえ。

注16) http://jiten.com/dicmi/docs/k1/13339s.htm

第12章　AWKブーム第1世代は「アイドル辞書」で学んだ（CodeZine「かまぷとゆうこのデベロッパーズ☆ラジオ」より）

斉藤　私ぐらいの世代の人だと、秋保サーバーって知ってる方多いんじゃないかなと思いますね。

ゆうこ　いや、AWKの話から飛躍してこう、かつてのコンピュータ事情というか、聞けていいですね。

かまぷ　すごいですね。

ゆうこ　私の知らないコンピュータの世界。

斉藤　当時大阪大学で発表された「AWKの簡単な使い方[注17]」っていう短いテキストがあって。はじめは真面目に、恒星のデータ処理について書いてるんですけど、途中からは、全てアイドル辞書を使って、「こういうのを検索してみましょう」てのが書かれているんです。例えば「アイドルの誕生年ごとの身長の平均を計算するプログラムを作成しなさい」とか。昔「リビドードリブン開発」みたいなの、誰かが言ってたような気がしますけど、やっぱり興味があることってどんどん進んでいくので。こういうテキストが当時、AWKブーム第1世代にとってすごく助かりました。

ゆうこ　斉藤さんだけじゃなくて他のAWKユーザーもこれで学んだと。

> **Column　おまけ：斉藤さんのお気に入りのAWKプログラム**
>
> いろいろありますが、インパクトが大きいという意味で以下のものを紹介しています。どうなるかは動かしてみてください。（斉藤）
>
> ● blobs.awk（引用：https://web.archive.org/web/20080820080404/http://netilium.org/~tnn/blobs.awk、作者であるトビアス・ニーグレン氏のサイトのアーカイブ）
>
> ```
> #! /usr/bin/awk -f
> # $Id: blobs.awk,v 1.4 2006/01/31 23:14:38 tnn Exp $
>
> # AWK eyecandy. resize your terminal emulator for speed/resolution.
> # (c) 2004 Tobias Nygren <tnn+blobs-awk@nygren.pp.se>
>
> # uncomment this line if your awk is mean
> # function fflush(e) {}
>
>         function     f(m,         n){o     =+x-       X/2-\
>    cos(a*m)*30;     p=y-         Y/2-     sin(      a*n)\
>    *9;;;; return    sqrt         (o*o     +p*p     )}###
>    BEGIN   {;c="    stty         size     ";c|getline;
>    close    (c);    X=$2    ;    Y=$1     -1;for(;;){
>    a+=+     .002    ;d="     ead    beef    ";printf(""\
>    "tnn@netilium.o"  "rg   \033"   "[H"    );#@    ninja
>    fflush(stdout);;  for(y=0;y++<Y;)       {for    (x=0\
>    ;x++<      X;){   printf ("%c",         32+(    f(30\
>    ,40)      *f(0    +12,   17)/            3/(1   +f(19\
>    ,+23      )))%    64     )}              }}}#    theend
> ```

注17）http://chasen.org/~daiti-m/etc/awk/easyawk.pdf

12.4 「Perl Is unDead」精神に触発されて

かまぷ AWKのカンファレンスってないんですか？

斉藤 なかなか聞かないですね。集まるんですかねっていう。

ゆうこ 海外を含めてもないですか。

斉藤 ないですね。まあAWKだけでカンファレンス持てると思えないんですが。

かまぷ あったら行きたいですよね。

斉藤 あったら面白そうだなっていう。ええ。さっきも言ったように、AWKのマニアって、「AWK != Perl」みたいな人たち、ちょっとイッちゃってる人たちが多いので、面白いかなと。

かまぷ でも意外ですね。私結構Perlのほうが過激な人が多いのかと思ってた。

ゆうこ で、斉藤さんはコミュニティも運営されているそうなんですけど、いつ始められたんですか？

斉藤 これはですね、今のAWKユーザー会のホームページがありますけれど、これができたのが2008年なんです。当時、○○users.jpっていうのが流行ってて、2008年のYAPCで、ミハエル（Michael Schwern）さんが「もっとプログラミング言語を盛り上げよう」と話されたときがあるんですよ。これをもとに、じゃあAWKも何かやろうぜ、と。

かまぷ ここでもPerlに対抗してるんですか。

斉藤 対抗はしてないですよ。Perlを参考にしました。面白いのは、先ほど言ったミハエルさんの講演の動画「Perl Is unDead[注18]」は、聞くと結構面白くて、Perl Is unDead って、Perlが別に「死んでないぞ、まだ生きてんだ」って、そういう呼びかけじゃなくて、「Perlはゾンビなんです」っていうことが言いたい。日本語的に分かりやすく言うと、「オバタリアン」って言葉があったじゃないですか。

かまぷ ありましたね。

斉藤 オバタリアンの元になった映画で「バタリアン」っていうのがあるんですよ。毒ガスのボンベのガスを吸うとゾンビになっちゃう。そのゾンビになった人たちって、人間の脳みそを欲しがるんですね。

かまぷ 脳みそくれー、脳みそくれーって。金曜ロードショーみたいな。

斉藤 つまり何かっていうと、Perlは常に、みんなの知恵や頭を欲しがってるということを言いたくて「Perl Is unDead」っていう話をされてたんです。ああなるほど、面白いなと思った。なので、AWKもこういうページを作ろうと思って作りました。しかもこれ全て、フルAWKで書かれてるんです。

「脳みそくれ」って、要は君たちを欲しがってんだよっていう。その考えはとっても賛同できるところがあって、AWKとしてもやっぱりいろんな人が集まって来てほしいなって思ってます。今、日本語のAWKユーザー会は、ざっくりですけど200人程度。ほとんど実はイベントができてないのがとっても残念で、何かやりたいところはあるんですけどね。コアで常に動いてくれる人たちがなかなかいなくて。

注18）https://youtu.be/6m_Cz2s5Rm0

第12章　AWKブーム第1世代は「アイドル辞書」で学んだ（CodeZine「かまぷとゆうこのデベロッパーズ☆ラジオ」より）

ゆうこ　どうやったらユーザー会に入れるんですか。

斉藤　基本的には、あんまりきちんと書いてません。メーリングリストに入ると、入ったことになってます。

ゆうこ　活動内容としてはどういうことをやられてるんですか。

斉藤　基本的に2つで、1つは「日本でAWKを使いたい人を応援します」ということ。何か困ってることがあったら、メーリングリストやTwitterで声をかけるなど、みんなで活性化していきましょう。要は国内の活性化。

もう1つが、国内だけで改善できないところ、バグを報告したいんだけど誰に報告したらいいのか分からない、例えば英語が全然できないんだけど、ここやっぱりおかしいよね、など。そういう人たちに対して、じゃあ代わりに英語に翻訳して報告しよう、という2本立てにしてます。

ゆうこ　ちなみに、AWKで困っているという意見はどんなものが寄せられるんですか。

斉藤　結構あるのが、バグじゃなくって自分の思い込みというのが多いですね。これうまく動かないんだって言われても、いやそれは仕様だからと。例えば、インクリメント演算子っていうのがあります。ある変数に対して、常に1を足していくっていう。何とかプラス1っていうのを、「++」って書くんですよね。それで、「a++」と書いた場合と、「++a」と書いた場合が異なって、おかしいんじゃないっていうのを質問された方がいて。

でもそれはもう仕様としてもう決まっていて、ソースコードを見ると、カーニハンが、「++a」の場合はこう、「a++」の場合はこうですよときれいに書いてます。そういう陥りがちなところで質問とかが多いですね。

かまぷ　そのオープンソースの貢献の仕方で、バグを発見するっていうのも1つの手だよみたいなところもありますよね。

斉藤　重要です。昔「fjの教祖様[注19]」と自らを名乗っている方がいて、その人は実はめちゃめちゃいい人なんですけど、この人が立てたプロジェクトで「Project DOUBT[注20]」というのがあるんです。Linuxって、とても膨大なプロジェクトで成り立ってますよね。これ、コンパイルが通るということは、つまり、文法エラー（シンタックスエラー）はないはずなんですよね。なのにバグる。なんだろうこれってことで、シンタックスじゃなくセマンティック、要は意味的エラーがあるかもしれない。これを発見しようというプロジェクトをやられていたんです。

（そのプロジェクトのエピソードで）面白かったのは、sync命令。これを行うとメモリに保持している情報をハードディスクに書き込むんですが、Linux 2.6時代は処理時間がとても速い。一瞬で戻ってくる。なんでこんなに反応が早いのか調べてみたら、計算通りにならないことに気づいた。アンマウントするとやけに時間がかかるんですね。これはsyncしてない、と気づいたんです。プログラム上ではsyncしているように見えるんですね。

かまぷ　世界共通のコマンドですよね？　すごい、これを日本人が発見したということですね。

斉藤　そうそう。

ゆうこ　このフィードバックはどのようにしていたんですか？

斉藤　当時はメーリングリストだとか、Bugzillaですね。今だと、例えばAWKの場合もメーリングリスト。

かまぷ　それはコミュニティによって違うんですよね。バグのレポートの仕方って。それを探すの

注19）http://fjskyousosama.holy.jp/
注20）http://fjskyousosama.holy.jp/Documents/2004-11-19-Fedora-Study/Doubt-Intro-for-FedoraJP.notemp.pdf

も一苦労。

斉藤 大変ですね。

ゆうこ 最近だとGitHubでプルリクを送って、という感じがしますけど。

かまぷ 流行ってればいいけどね。でも。

斉藤 探すのが大変で。トラフィック、AWKって多くて。AWK（オーク）って多くてってなんなんだ。

かまぷ オヤジギャグ系ですね。

ゆうこ AWKだけに。

かまぷ ラジオっぽくなってきた（笑）

斉藤 今だとAWKの場合はメーリングリストにバグを報告するんですね。1日1回ぐらい、バグの報告がありますね。

かまぷ それは、日本のユーザー会にですか？

斉藤 じゃないです。ワールドワイドで。日本AWKユーザー会にもたまに来ます。

12.5 自分がコミュニティをやってるからこそ、若い人を応援したい

ゆうこ 斉藤さんは、他にどんな勉強会に参加したり、しゃべったりしていますか。

斉藤 休みの日はIT系の勉強会に参加してます。もちろんオープンソースカンファレンスだとか、そういうイベント的なものに出たりだとか。最近ハマっているのが機械学習。ディープラーニングの勉強会があって、そちらのほうにちょっと顔を出して、イチから勉強してます。

かまぷ 横浜の。数学的基礎から……みたいな内容でしたっけ。

斉藤 ええ。「Morning Project Samurai[注21]」っていう団体があって、休日の朝の有効活用、プロジェクト志向、自分で学習する、というところを目的に活動している人たちがいて、何か面白そうだなっていうんで、ちょっと今参加しています。

ゆうこ 参加されていかがですか。

斉藤 面白いですね。「数学的基礎から学ぶDeep Learning（with Python）[注22]」っていう勉強会は、プログラムをやってる人からするとやさしいです。1日2時間の勉強会で書くコードの量が20行ぐらいなので、シェル芸よりはるかに少ないです。

かまぷ そうですね。

斉藤 そのぐらいなんだけど、きっちりちゃんと基礎からやってますし、私はもともと機械学習を会社でやってたりして、知ってたつもりなんだけど、改めて聞いてみると、なるほどなと思うところがあった。

ゆうこ 事前にいろいろうかがった感じだと、このコミュニティに対していいことされたっていう（斉藤さんは勉強会の第1回からのノートを公開されています）。

注21) https://mpsamurai.org/#/about
注22) https://mpsamurai.doorkeeper.jp/events/45810

第12章 AWKブーム第1世代は「アイドル辞書」で学んだ（CodeZine「かまぷとゆうこのデベロッパーズ☆ラジオ」より）

斉藤　いいことっていうか。まあ何かお手伝いしたいなと。
ゆうこ　若い方を応援したいと。
斉藤　そうですね。若い方をやっぱり応援していきたいっていうのがありますよね。まあ特に自分のコミュニティを運営する側になると、自分も何らかの苦労をしている。勉強会するときってこんな資料用意してとかって、自分がどれだけ苦労したかを照らし合わせると、勉強会に参加すると、あ、この人たち本当にすごい情熱持ってやってるなって見えてくるんですよね。
そういうのが見えてくると、そういう人たちに対してできるだけ応援してあげたい。かといって、応援っていうのって、別にお金をあげるとかそういうんじゃなくて、例えばこのMorning Project Samuraiであれば、自分が勉強ノートみたいな形でまとめたり、ちょっとでもお役に立てることができればいいかなって思ってます。

12.6　エンディング

ゆうこ　今回、第1回を収録していかがですか？　かまたさん。
かまぷ　ああ何か、楽しいですね。
斉藤　ハハハ。大丈夫ですか、本当に。僕とっても不安です、今。
ゆうこ　いえ、そんなことないです。私も、正直どうなるかなと思ったんですけど、斉藤さんからすごくいろんな話が聞けたんで、これはいいなと思いました。
かまぷ　私、横で適当なこと言ってチーズ食べるみたいな、最高。
ゆうこ　斉藤さんいかがですか。
斉藤　いやでも、いいですね。和やかな雰囲気でっていうか。やっぱ勉強会で、大勢の方を前にしちゃうと、なかなかしゃべれないじゃないですか。
ゆうこ　はい、でも今回はゆるい感じでしゃべっていただいて。
かまぷ　今日は本当に多くの斉藤さんの話がいっぱい聞けて。
ゆうこ　新しいものを考えるにあたって、最新のものを追いかけてるよりも、意外と昔のことを見てるほうが、新しいアイディアとか浮かんできそう……ていうのを今日ちょっと思いました。斉藤さんの話を聞いて、昔のコンピュータ事情など、勉強になったのでよかったです。
かまぷ　斉藤さんネタの宝庫だから。斉藤さんvol.2やりたい。
ゆうこ　定期的に出てほしいですね。
かまぷ　このデブ☆ラジは、まずは3回を目標に、300回くらいやる予定なんでね。
ゆうこ　公開収録とかでやりたいですよね。
かまぷ　やりたいですね。
ゆうこ　ということで、今日は斉藤さん、ありがとうございました！
かまぷ　ありがとうございました。
斉藤　長い時間、ありがとうございました。

おわりに

AWKとはもう30年近い付き合いになります。最近では、Perl、PHP、Ruby、PythonなどAWKよりも高機能なスクリプト言語が出てきていますが、私にとって常に頼れるのはAWKです。特に、nawkのソースコードは今でもKernighan大先生がメンテナンスをされていて、プログラムの挙動がおかしいと思ったら、nawkのソースコードを追いかけて「なるほど、そういう作りなのか」と納得しながらプログラムを作っています。

ここにはそうして得た小さな知見の数々を「私の頭の中のダンプして」記述しているため、一貫性が欠けていますが、「そういえば、こんなことが書かれてあったな」と思い出して読み返していただけると幸いです。

個人で書籍を出すのはこれが初めてになりますが、こうした機会を与えてくださったUSP研究所の鎌田さん、星さん、翔泳社の市古さん、近藤さんに感謝いたします。

記事初出

第1章～第6章

USP MAGAZINE（現 シェルスクリプトマガジン）Vol.12 ～ Vol.17 連載
連載：「シェル芸」に効く！ AWK処方箋
CodeZine転載：http://codezine.jp/article/corner/516

第7章～第10章

シェルスクリプトマガジン Vol.18 ～ Vol.21 掲載
連載：「シェル芸」に効く！ GNU AWK処方箋
CodeZine転載：http://codezine.jp/article/corner/549

第11章

シェルスクリプトマガジン Vol.39 掲載
特集：コマンドを作りながら覚える AWK入門

第12章

CodeZine 2016年6月15日 公開
AWKブーム第1世代は「アイドル辞書」で学んだ──日本GNU AWKユーザー会 斉藤さん
（かまぷとゆうこのデベロッパーズ☆ラジオ #1）
http://codezine.jp/article/detail/9478

▍斉藤 博文（サイトウ ヒロフミ）

　最初にAWKと出会ってから〇十年、AWKの魅力に取りつかれ、勢い余って「日本GNU AWKユーザー会」を立ち上げています。会としてOSCなどのイベントにも出展しつつ、GNU AWKの開発も手伝っています。「USP友の会」では幹事役ですが、「シェル芸勉強会」にはほぼ毎回参加して一緒に勉強しています。

装丁デザイン	トップスタジオデザイン室（轟木 亜紀子）
制作協力	株式会社 トップスタジオ

「シェル芸」に効く！ AWK処方箋（オーク）

2018年 8月 29日 初版第1刷発行

著　　者	斉藤 博文（さいとう ひろふみ）
発 行 人	佐々木 幹夫
発 行 所	株式会社 翔泳社（https://www.shoeisha.co.jp）
印刷・製本	大日本印刷株式会社

©2018 Hirofumi Saito

本書は著作権法上の保護を受けています。本書の一部または全部について（ソフトウェアおよびプログラムを含む）、株式会社 翔泳社から文書による許諾を得ずに、いかなる方法においても無断で複写、複製することは禁じられています。

本書へのお問い合わせについては、2ページに記載の内容をお読みください。
乱丁・落丁本はお取り替えいたします。03-5362-3705までご連絡ください。

ISBN978-4-7981-5089-5　　　　　　　　　　　　　　　　　　　Printed in Japan